移动互联网开发技术丛书

AngularJS
从入门到实战

陶国荣 主编

清华大学出版社
北京

内 容 简 介

本书从初学者的角度,结合每个知识点和对应的精选示例,详细介绍基于 AngularJS 框架开发 Web 应用的内容。全书共分为 11 章,第 1～9 章系统介绍 AngularJS 框架的基础内容,包括数据绑定、过滤器、作用域、依赖注入、服务、指令和路由的使用方法与技巧;第 10、11 章除介绍开发时应注意的事项外,还讲解两个完整的综合应用案例。

本书通过丰富的示例,由浅入深地讲解以 AngularJS 框架作为前端 Web 页面开发利器的各方面知识,使读者不仅可以全面了解整个 AngularJS 框架,还能体会到 AngularJS 框架所带来的代码优化的优势,快速、高效地开发 Web 应用。

本书适合作为 AngularJS 框架初学者的入门书,也适合有一定开发基础的程序员和前端技术爱好者学习参考。

图书在版编目(CIP)数据

AngularJS 从入门到实战:微课视频版/陶国荣主编.—北京:清华大学出版社,2021.8
(移动互联网开发技术丛书)
ISBN 978-7-302-58789-7

Ⅰ.①A… Ⅱ.①陶… Ⅲ.①超文本标记语言－程序设计 Ⅳ.①TP312

中国版本图书馆 CIP 数据核字(2021)第 156430 号

责任编辑:付弘宇 张爱华
封面设计:刘 键
责任校对:徐俊伟
责任印制:宋 林

出版发行:清华大学出版社
  网 址:http://www.tup.com.cn,http://www.wqbook.com
  地 址:北京清华大学学研大厦 A 座 邮 编:100084
  社 总 机:010-62770175 邮 购:010-83470235
  投稿与读者服务:010-62776969,c-service@tup.tsinghua.edu.cn
  质量反馈:010-62772015,zhiliang@tup.tsinghua.edu.cn
  课件下载:http://www.tup.com.cn,010-83470236
印 装 者:三河市吉祥印务有限公司
经 销:全国新华书店
开 本:185mm×260mm 印 张:16.5 字 数:411 千字
版 次:2021 年 9 月第 1 版 印 次:2021 年 9 月第 1 次印刷
印 数:1～2000
定 价:59.00 元

产品编号:078456-01

前 言

FOREWORD

随着互联网技术的不断进步和发展,前端技术的开发不仅体现在页面制作和数据展示上,还需要考虑数据的业务逻辑和数据的处理。对于这种"大前端"需求的变化,如果还是使用之前的面向过程编程,会使代码杂乱无序,无法复用,编程效率极低。

而使用 AngularJS 框架可以很好地处理这种情况,因为它是基于 MVC 模式进行代码编写的,每层的结构都非常清晰明确,各司其职,极大地减少了代码的冗余和程序员的工作量,同时,还大大提升了代码的执行效率。因此,该框架一经推出,就深受程序员的喜爱。

AngularJS 框架采用最流行的 MVC 模式进行构建,首次使用双向的数据绑定来适应动态内容的变化并允许模型和视图之间的自动同步;此外,框架使用依赖注入的设计模式时,对象无须手工创建,而是由框架自动创建并注入进来;最后,框架采用高内聚低耦合法则进行模块化设计,使每个模块都尽可能减少重复,以提升效率。

本书以"案例实战"为导向,对基础知识点进行全面而系统地讲解,希望读者可在短时间内全面、系统地了解并掌握 AngularJS 框架开发应用的知识。本书共 11 章,有针对性地介绍技术内容。

第 1~9 章全面系统地介绍 AngularJS 框架的基础内容,包括数据绑定、过滤器、作用域、依赖注入、服务、指令和路由的使用方法与技巧。

第 10、11 章除介绍开发时应注意的事项外,还介绍了两个完整的综合应用案例。

本书特色

本书以 AngularJS 最稳定的框架版本为主线,采用层层推进的方式,从易到难,深入挖掘 AngularJS 框架为 Web 页面开发所提供的各项 API。本书的主旨就是帮助广大喜爱使用 AngularJS 框架开发 Web 应用的程序员,能够快速上手构建一个 AngularJS 应用。

本书面向零基础用户,从实用的角度出发,以示例为主线,讲解每个知识点,在内容上由浅入深,逐步培养读者的阅读兴趣并加深难度;此外,为加深读者对每个示例效果的理解,对每一个示例的示意图都进行了精心编排和扼要说明。

配套资源

为便于教学,本书配有微课视频、代码、教学大纲、教学课件。

(1) 获取微课视频方式:读者先扫描本书封底的"文泉云盘"二维码、绑定微信账号,再扫描书中相应的视频二维码,观看教学视频。

(2) 获取程序代码方式:先扫描本书封底"文泉云盘"二维码、绑定微信账号,再扫描下方二维码,即可获取。

(3) 其他配套资源可以通过扫描本书封底的"书圈"二维码下载。

读者对象

本书面向 Web、AngularJS 应用开发者,高等院校师生及广大相关领域的计算机爱好者。无论是从事前端开发还是后台代码编写的人员,都可以使用本书。

致谢

希望这部耗时数月、积累作者数年心得与技术感悟的拙著,能给每位读者带来思路上的启发与技术上的提升,同时也希望借本书出版的机会能与国内热衷于前端技术的开发者进行交流。

本书由陶国荣主编,刘义、李建洲、李静、裴星如、李建勤、陶红英、陈建平、孙文华、孙义、陶林英、闵慎华、孙芳、赵刚参与了本书的编写、素材整理及配套资源制作等工作。

由于作者水平有限,书中难免有疏漏之处,恳请各位同仁和广大读者给予批评指正。

陶国荣

2021 年 6 月

目 录

CONTENTS

第❖1❖章

初识AngularJS

本章学习目标

- 掌握 AngularJS 的知识内容；
- 熟悉 AngularJS 环境的搭建方法；
- 理解 AngularJS 中绑定数据的方法。

1.1　AngularJS 简介

AngularJS 是 Google 公司开发的一套开源的项目框架，准确地说，它是一套基于 MVC 结构的 JavaScript 开发工具。该工具的核心功能是对现有 HTML 编码以指令方式进行扩展，并使扩展后的 HTML 编码可以通过使用元素声明的方式来构建动态内容。这样的扩展具有划时代的意义，因此 AngularJS 框架自诞生起就备受业界关注。

众所周知，AngularJS 对 HTML 进行扩展的目的就是希望通过 HTML 标签构建动态的 Web 应用。为了实现这个目的，在 AngularJS 内部利用了两项技术：一个是数据的双向绑定；另一个是依赖注入。下面简单介绍这两项技术。

在 AngularJS 中，数据绑定可以通过双大括号"{{}}"的方式向页面的 DOM 元素中插入数据，也可以通过添加元素属性的方式绑定 AngularJS 的内部指令，实现对元素的数据绑定，而这两种形式的数据绑定都是双向的、同步的，即如果一端发生了变化，其绑定的另一端会自动进行同步。

依赖注入是 AngularJS 中一个特有的代码编写方式，其核心思想是在编写代码时，只需要关注为实现页面功能需要调用的对象是什么，而不必了解它需依赖什么，像逻辑类中的 $scope 这个对象就是通过依赖注入的方式进行使用的。

数据双向绑定和依赖注入这两项技术将在后续的章节中进行详细的介绍，在此只了解概念即可。

在 AngularJS 框架中,通过双向绑定和依赖注入这两个功能,极大地减少了用户的代码开发量,只需要像声明一个 HTML 元素一样,就可以轻松构建一个复杂的 Web 端应用,而这种方式构建的应用其全部代码都由客户端的 JavaScript 代码完成。因此,AngularJS 框架也是有效解决端(客户端)到端(服务端)应用的解决方案之一。

1.1.1 AngularJS 的基本语法特点

AngularJS 是在原有的 HTML 语法基础上进行扩展,因此,要学习 AngularJS 框架,首先需要了解它扩展后的基本语法特点,概括起来有以下几点。

- 支持使用双大括号"{{}}"语法对动态获取的数据进行绑定。这种绑定是一种双向的绑定,即如果客户端发生了变化,绑定的服务器端数据也会更新,同样,如果服务器端发生了变化,被绑定的客户端数据也会随之变更。
- 支持将 HTML 元素代码通过分合的方式组成可重用的组件。这一功能可以将 HTML 页面中的某块代码作为模块重复使用。通过这种方式可以减少代码的开发量,提高开发效率。
- 支持表单和表单的验证功能。表单元素在 HTML 页面中占有重要的地位,而 AngularJS 框架可以很好地支持该元素,包括它的数据验证功能,这就为开发人员提供了很大的方便。
- 支持使用逻辑代码与 DOM 元素相关联。通过逻辑代码的结果来控制 DOM 元素片段的隐藏或显示,可以避免在逻辑代码中编写大量的 HTML 元素代码,大大提高 JavaScript 代码的执行效率。

1.1.2 AngularJS 的适用范围

AngularJS 是构建一个 MVC 类结构的 JavaScript 库,是一个开源的代码类库。为了更好地体现 AngularJS 的优势,建议在构建一个 CRUD(Create,增加; Retrieve,查询; Update,更新; Delete,删除)应用时使用它,而对于图形编辑、游戏开发类的应用,使用 AngularJS 就不如调用其他 JavaScript 类库(如 jQuery)方便。

1.1.3 搭建开发 AngularJS 应用的环境

1. 下载 AngularJS 文件框架库

在 AngularJS 的官方网站(http://angularjs.org/)中,提供了 AngularJS 最新版本的地址,单击 DOWNLOAD ANGULARJS 按钮即可下载,该网站的界面如图 1-1 所示。

在浏览器地址栏中输入"https://code.angularjs.org/1.7.8/",可以下载 AngularJS 的 1.7.8 版本(截至 2019 年 4 月的 AngularJS 最新版本)的压缩包,本书的全部案例都基于该版本。

2. 引入 AngularJS 文件库

当下载完 1.7.8 版本的 AngularJS 压缩包后,并不需要安装,只需要将压缩包中的 angular.js 文件通过使用 script 标记导入到页面中即可。假设该文件下载后保存在项目的 Script 文件夹中,那么,只需要在页面的 head 元素中加入以下代码:

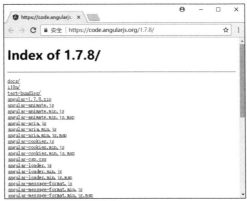

图 1-1　下载 AngularJS 文件框架库的界面

```
< script src = "Script/angular.min.js"
        type = "text/javascript"></script >
```

通过加入上述代码便完成了本地 AngularJS 框架的引入，然后就可以开启"神奇"的 AngularJS 之旅了。

1.2　开发简单的 AngularJS 应用

首先，编写一个简单的 AngularJS 程序，见示例 1-1。

示例 1-1　编写一个简单的 AngularJS 程序

（1）功能说明。

当页面加载时，在页面的正文部分显示"Hello，欢迎来到 AngularJS 世界！"的字样。

（2）实现代码。

在 WebStorm 开发工具中，新建一个 HTML 文件 1-1.html，加入如代码清单 1-1 所示的代码。

代码清单 1-1　编写一个简单的 AngularJS 程序

```
<!doctype html >
< html ng - app >
< head >
    <title>第一个简单的 AngularJS 程序</title>
    < script src = "Script/angular.min.js"
            type = "text/javascript"></script >
</head >
< body >
    {{'Hello,欢迎来到 AngularJS 世界!'}}
</body >
</html >
```

（3）页面效果。

执行的效果如图 1-2 所示。

图 1-2　一个简单的 AngularJS 程序

（4）代码分析。

在本示例的代码中，先在 html 元素中增加了一个 ng-app 属性，这一属性的功能是通知引入的 AngularJS 文件框架，页面中的哪个部分开始接受它的管理。本例的 ng-app 属性添加在 html 元素中，表明 AngularJS 可以管理整个页面文件。ng-app 属性还可以添加至某个 div 元素中，表明仅在这个 div 范围内，可以调用 AngularJS 框架管理其中包含的 DOM 元素。

此外，在页面的 body 元素中，使用了两个大括号包含一个字符串，其中两个大括号是 AngularJS 框架插入动态数据的一种方式，称为"双大括号插值语法"。在通常情况下，通过这种方式插入的数据均为表达式，在插入时已获取了表达式的结果值，并直接将该值显示在页面中。在本例中，由于表达式是字符串内容，因此，直接显示在页面中。

接下来再看一个 AngularJS 示例，进一步了解 AngularJS 数据插入功能。

示例 1-2　编写一个计算功能的 AngularJS 程序

（1）功能说明。

当页面加载时，在页面的正文部分通过插入数据的方式计算任意一对数值的和，并将计算后的结果显示在页面中。

（2）实现代码。

在 WebStorm 开发工具中，新建一个 HTML 文件 1-2.html，加入如代码清单 1-2 所示的代码。

代码清单 1-2　编写一个计算功能的 AngularJS 程序

```html
<!doctype html>
<html ng-app>
<head>
    <title>一个计算功能的 AngularJS 程序</title>
    <script src="Script/angular.min.js"
            type="text/javascript"></script>
```

```
</head>
body
<h3>计算并显示下列两个数值的和</h3>
    1.98 + 2.98 = {{ 1.98 + 2.98 | number:0}}
</body>
</html>
```

（3）页面效果。

执行的效果如图 1-3 所示。

图 1-3　一个计算功能的 AngularJS 程序

（4）代码分析。

在本示例的代码中，除了在 html 元素中添加 ng-app 属性，表明整个页面代码都由 AngularJS 框架进行管理外，在使用双大括号插入数值时，先通过运算符"＋"计算出两个数值的结果并返回给页面，然后，在计算数值时使用了管道符号"|"，这个符号在 AngularJS 中表示调用过滤器格式化数据，它的调用方法如下：

```
{{exp | filtername : para1:...paraN}}
```

其中，exp 表示 AngularJS 可以识别的任意表达式，filtername 表示过滤器的名称。

AngularJS 内置了很多过滤器，如 currency、date、number、uppercase 等，para1 表示对过滤器功能的进一步描述，如本例中的 number:0 表示去掉小数点后的数值，保留整数部分。当然，除使用 AngularJS 内置的过滤器外，用户还可以自定义过滤器，具体实现的方式将会在后续的章节中进行详细的介绍。

通过上述两个示例的介绍，相信大家已经被 AngularJS 的语法所吸引，更被它"神奇"的数据插入功能所折服。而上述两个示例都采用以双大括号插入表达式的形式，将数据添加至页面的模板中。如果将表达式的数据与页面中的元素直接进行绑定，又会发生什么呢？接下来再看一个简单的示例。

示例 1-3　编写一个绑定页面元素的 AngularJS 程序

（1）功能说明。

在页面中，先添加一个用于文本输入的 input 元素，并通过 AngularJS 指令绑定一个表达式，再添加一个 div 元素，通过 AngularJS 中的双大括号插入相同的表达式，当文本输入框中的内容变化时，div 元素插入的内容也随之发生变化。

（2）实现代码。

在 WebStorm 开发工具中，新建一个 HTML 文件 1-3.html，加入如代码清单 1-3 所示的代码。

代码清单 1-3　编写一个绑定页面元素的 AngularJS 程序

```
<!doctype html>
< html ng - app = "myApp">
< head >
    < title >一个绑定页面元素的 AngularJS 程序</title>
    < script src = "Script/angular.min.js"
            type = "text/javascript"></script>
</head >
body
    < h3 >请在下列文本框中输入任意内容</h3>
    < div ng - controller = "usercontroller">
        < input id = "Text1" type = "text" ng - model = "user.name" />
        div{{user.name}}</div>
    </div >
    < script type = "text/javascript">
        var app = angular.module('myApp', []);
        app.controller('usercontroller', function( $ scope) {
            $ scope.user = { name: "" };
        });
    </script >
</body >
</html >
```

（3）页面效果。

执行的效果如图 1-4 所示。

（4）代码分析。

在本示例的代码中，在 html 元素中添加了 ng-app 属性并设置属性值为 myApp，表明名称为 myApp 的模板管理整个页面。此外，在模块基础上，在 div 元素中添加了一个名为 ng-controller 的属性，该属性是 AngularJS 的另一个指令，用来声明 AngularJS 中控制器类的名称，这个被声明的类将管理 div 中的全部元素。

再在文本框元素中添加一个 ng-model 属性，绑定逻辑层中的 user.name 数据，并同时通过双大括号在页面的另一个 div 元素中插入相同的 user.name 内容。在 AngularJS 中，使用 ng-model 方式绑定数据是双向变化的，即如果数据源发生了变化，被绑定的元素中的内容也将会自动地同步变化，反之，数据源也会随被绑定的元素值的变化而变化。

图 1-4　一个绑定页面元素的 AngularJS 程序

因此，当用户在文本框中输入任意内容时，改变了绑定的数据源，而其他插入的相同数据源也将随之同步改变，页面插入的 user.name 内容也将跟随变化，而要实现这一切，无须注册任何文本框的 change 事件去监听，就可以让页面中的元素绑定的数据自动刷新。

这一特征也同样适用于服务器端的更新，即向服务器请求一个数据时获取了最新的 user.name 值，在页面中绑定的输入框内容和插入显示的数据也将会同步自动更新为最新值。

此外，AngularJS 还可以通过数据绑定的方式，将重复格式的多项数据内容显示在页面各个元素中，接下来再通过一个简单的示例进行说明。

示例 1-4　编写一个绑定多个页面元素的 AngularJS 程序

（1）功能说明。

在页面中，通过 AngularJS 中数据元素绑定的方式，将一个数组集合中的各项元素与页面中的多个 span 元素绑定，并通过遍历的方式将全部数据插入到页面的模板中。

（2）实现代码。

在 WebStorm 开发工具中，新建一个 HTML 文件 1-4.html，加入如代码清单 1-4 所示的代码。

代码清单 1-4　编写一个绑定多个页面元素的 AngularJS 程序

```
<!doctype html>
<html ng-app="myApp">
<head>
    <title>一个绑定多个页面元素的 AngularJS 程序</title>
    <script src="Script/angular.min.js"
            type="text/javascript"></script>
</head>
body
    <h3>以列表的方式显示绑定的多项数据</h3>
    <div ng-controller="stucontroller">
```

```
            < ul >
                < li ng - repeat = "stu in data">
                    < span >{{stu. name}}</ span >
                    < span >{{stu. sex}}</ span >
                    < span >{{stu. age}}</ span >
                    < span >{{stu. score}}</ span >
                </ li >
            </ ul >
            div
            < script type = "text/javascript">
                var app = angular.module('myApp', []);
                app. controller('stucontroller', function( $ scope) {
                    $ scope.data = [
                    { name: "张明明", sex: "女", age: 24, score: 95 },
                    { name: "李清思", sex: "女", age: 27, score: 87 },
                    { name: "刘小华", sex: "男", age: 28, score: 86 },
                    { name: "陈忠忠", sex: "男", age: 23, score: 97 }
                    ];
                    })
            </ script >
        </ body >
        </ html >
```

（3）页面效果。

执行的效果如图 1-5 所示。

图 1-5   一个绑定多个页面元素的 AngularJS 程序

（4）代码分析。

在本示例的代码中,除在 li 元素中声明的控制器管理类 stucontroller 之外,还在 li 元素中添加了一个名为 ng-repeat 的属性,该属性是 AngularJS 的一个新指令,表示复制,即对于 data 数组中的每个元素,都会将 li 元素中的结构复制一次,在每次复制使用时,再将 stu 的属性值赋予复制的 li 中的各个元素。因此,data 数组中元素的数量与复制后的 li 元素的数量相同,并且在每次复制成功之后,都将数组中的各个元素的内容通过双大括号的方式插入到 li 元素中,从而实现了在 li 元素中显示全部 data 数组内容的功能。

　　而当 data 数组中的源数据发生变化后,使用双大括号绑定的数据内容也将会随之发生变化,而这些变化在 AngularJS 中都是自动完成的,无须注册任何监测的事件。

1.3　本章小结

　　本章通过几个简单示例,由浅入深地介绍 AngularJS 应用开发的过程,相信通过本章的学习,读者已经对 AngularJS 代码的风格有了初步的了解,但 AngularJS 毕竟是一种全新的语言,需要学习者熟悉许多新的概念,在接下来的章节中将介绍 AngularJS 的更多基础知识。

第《2》章

AngularJS基础

本章学习目标
- 掌握 AngularJS 中表达式的使用；
- 掌握 AngularJS 中控制器的定义；
- 理解 AngularJS 中模板和表单控件的用法。

2.1 AngularJS 中的表达式

在 AngularJS 中，表达式是运用在视图中的一段代码，例如在示例 1-2 中，在计算两个数值的和时，双大括号中就是一个数值表达式，其中的值是通过调用 $parse 服务模块进行解析的。如果需要格式化表达式中的值，也可以调用 AngularJS 中的过滤器，例如在示例 1-2 中，管道符"｜"之后的 number:0 调用了整数型过滤器。

2.1.1 AngularJS 表达式与 JavaScript 表达式的区别

AngularJS 中的表达式与传统的 JavaScript 中的表达式有明显的区别，具体表现在以下几个方面。

- AngularJS 中的所有表达式的值都来源于 $scope 对象，由该对象以添加属性的方式统一进行设置，并不像在传统的 JavaScript 中那样，可以由全局的 window 对象来调用表达式。
- AngularJS 中的表达式的容错能力很强，可以允许值出现 null 或 undefined 的情况，而不会像在传统的 JavaScript 中那样抛出异常代码。
- 由于 AngularJS 中表达式的值来源固定，因此，在表达式中，不允许出现各类判断和循环语句，这一点也与传统的 JavaScript 区别较大，使用时需要注意。
- AngularJS 中表达式的值可以是使用管道符"|"进行格式化显示的数值，这也是不同于传统的 JavaScript 中表达式的一个很明显的特征。

　　既然 AngularJS 中的表达式与传统的 JavaScript 中的表达式区别很大，那么两者之间可以相互调用吗？答案是肯定的。如果 AngularJS 中的表达式要调用传统的 JavaScript 代码，需要在控制器中定义一个方法，然后由表达式调用该方法即可；而如果在传统的 JavaScript 代码中需要执行 AngularJS 中的表达式，则需要借助 $eval() 方法。

　　接下来通过一个完整的示例介绍 AngularJS 表达式与 JavaScript 表达式之间的相互调用过程。

示例 2-1　AngularJS 表达式与 JavaScript 表达式之间的相互调用

（1）功能说明。

　　在页面中，当单击"计算"按钮时，将调用控制器中的 testExp1() 方法，获取第一个文本框中的值并加 1，然后将结果显示在浏览器的控制台中；当改变第二个文本中的 AngularJS 表达式内容时，调用 $eval() 方法，将该表达式的结果显示在 span 元素中。

（2）实现代码。

　　在 WebStorm 开发工具中，新建一个 HTML 文件 2-1.html，加入如代码清单 2-1 所示的代码。

代码清单 2-1　AngularJS 表达式与 JavaScript 表达式之间的相互调用

```html
<!doctype html>
<html ng-app="myApp">
<head>
    <title>AngularJS 与 JavaScript 表达式之间的相互调用</title>
    <script src="Script/angular.min.js"
            type="text/javascript"></script>
</head>
<body>
    <div ng-controller="c2_1">
        执行 JavaScript 表达式:<br />
        <input type='text' ng-model="expr1" />
        <button ng-click="testExp1(expr1)">计算</button>
        <br /><br />
        执行 AngularJS 表达式:<br />
        <input type='text' ng-model="expr2" />
        <span ng-bind="$eval(expr2)"></span>
    </div>
    <script type="text/javascript">
        var app = angular.module('myApp', []);
        app.controller('c2_1', function($scope) {
        $scope.expr1 = 20;
        $scope.expr2 = '20+1|number:0';
        $scope.testExp1 = function(expr) {
            var newv = parseInt(expr) + 1;
            console.log(newv);
        }
    })
    </script>
</body>
</html>
```

（3）页面效果。

执行的效果如图 2-1 所示。

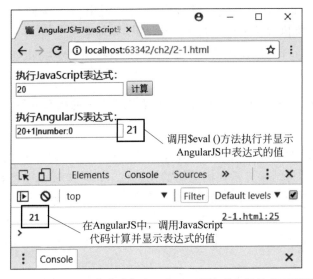

图 2-1　AngularJS 表达式与 JavaScript 表达式之间的相互调用

（4）代码分析。

在本示例的代码中，为了在单击"计算"按钮时能执行 JavaScript 表达式，在控制器中自定义了一个名为 testExp1 的函数，该函数的功能是获取传入的数值，并将其传递给一个表达式，再将经表达式计算后的结果显示在浏览器的控制台中，这些代码全部采用传统的 JavaScript 编写。此外，在页面中将该函数与"计算"按钮的单击事件（ng-click）绑定，最终实现在单击该按钮时执行自定义的 testExp1 的函数功能。

接下来，在第二个文本框元素和 span 元素中，分别通过数据绑定的方式关联在控制器中设置的相应属性值，而在绑定 span 元素时，又调用了 $eval() 方法对绑定的属性值直接进行解析。由于 AngularJS 的数据绑定是双向的，因此，当改变第二个文本框中的 AngularJS 表达式内容时，在 span 元素中执行该表达式后的结果值也会自动发生变化，最终效果如图 2-1 所示。

2.1.2　$window 窗口对象在表达式中的使用

如果在控制器中调用 JavaScript 代码中的全局对象 window 时，需要通过依赖注入的 $window 对象来替代 window，即如果控制器的代码是 window.alert()，应该将代码修改为 $window.alert()，因为每一个控制器的代码只是在它管辖的作用区域中使用。通过这样的写法，可以防止它与全局的 window 对象混淆，出现各类诡异的 bug。

接下来通过一个完整的示例介绍 $window 对象的使用。

示例 2-2　$window 窗口对象在表达式中的使用

（1）功能说明。

在页面中，当单击"显示"按钮时，调用控制器中的 show() 方法，以弹出窗口的方式显示文本框中输入的内容。

（2）实现代码。

在 WebStorm 开发工具中，新建一个 HTML 文件 2-2.html，加入如代码清单 2-2 所示的代码。

代码清单 2-2　＄window 窗口对象在表达式中的使用

```html
<!doctype html>
<html ng-app="myApp">
<head>
    <title>$window 窗口对象在表达式中的使用</title>
    <script src="Script/angular.min.js"
            type="text/javascript"></script>
</head>
<body>
    <div ng-controller="c2_2">
        <input type='text' ng-model=text />
        <button ng-click="show()">显示</button>
    </div>
    <script type="text/javascript">
        var app = angular.module('myApp', []);
        app.controller('c2_2', function($window, $scope) {
            $scope.text = "";
            $scope.show = function () {
                $window.alert("您输入的内容是: " + $scope.text);
            }
        })
    </script>
</body>
</html>
```

（3）页面效果。

执行的效果如图 2-2 所示。

图 2-2　＄window 窗口对象在表达式中的使用

（4）代码分析。

在本示例的代码中，在自定义控制器函数 c2_2 时，多添加了一个 $window 对象，用于取代全局性的 window 对象。在使用时，可以像访问 window 对象一样，调用 $window 对象中各类方法或属性，如 alert、confirm 等。另外，在代码中，由于文本框与 $scope 的 text 属性进行了数据绑定，因此，只要文本框中输入的内容发生了变化，对应的 $scope.text 属性值也随之改变，弹出的窗口能即时动态显示在文本框中输入的内容值。

2.1.3 AngularJS 表达式的容错性

与传统的 JavaScript 表达式相比，AngularJS 表达式的容错能力更强大，它允许表达式的值为 undefined 或 null 类型，而在传统的 JavaScript 表达式中，如果出现这两种类型，则会抛出 ReferenceError 类型的错误提示。

接下来通过一个完整的示例介绍 AngularJS 表达式的容错性。

示例 2-3　AngularJS 表达式的容错性

（1）功能说明。

在页面中，将一个未定义的属性值与文本框绑定，此外，在单击"单击"按钮时，在浏览器的控制台中输入一个未定义的变量值，分别观察两者在页面控制台上的显示信息。

（2）实现代码。

在 WebStorm 开发工具中，新建一个 HTML 文件 2-3.html，加入如代码清单 2-3 所示的代码。

代码清单 2-3　AngularJS 表达式的容错性

```
<!doctype html>
<html ng-app="myApp">
<head>
    <title>AngularJS 表达式的容错性</title>
    <script src="Script/angular.min.js"
            type="text/javascript"></script>
</head>
<body>
    <div ng-controller="c2_3">
        span{{tmp}}</span>
        <button ng-click="error();">单击</button>
    </div>
    <script type="text/javascript">
        var app = angular.module('myApp', []);
        app.controller('c2_3', function($scope) {
            $scope.temp = "Angular";
            $scope.error = function () {
                console.log(tmp);
            }
        })
    </script>
</body>
</html>
```

（3）页面效果。

执行的效果如图 2-3 所示。

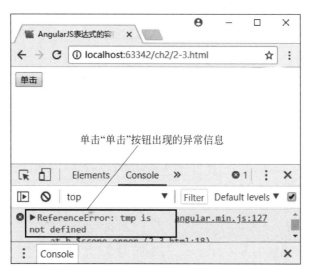

图 2-3　AngularJS 表达式的容错性

（4）代码分析。

在本示例的代码中，虽然页面中的 span 元素绑定了一个未定义的 AngularJS 表达式，但由于该表达式具有很好的容错性，允许使用未定义或空值表达式，因此，浏览器的控制台并没有异常信息显示。

当单击页面中的"单击"按钮时，将执行在控制器中自定义的 error() 函数，在该函数中将一个未定义的变量 tmp 输出至控制台。从控制台显示的信息可以看出，由于被输出的变量 tmp 未定义，因此，使用未定义的变量，将在 JavaScript 代码中抛出 ReferenceError 类型的异常，详细效果见图 2-3。

通过上面几个示例的介绍，明显感觉 AngularJS 表达式的性能要比传统的 JavaScript 强大，但在实际使用 AngularJS 工具开发应用时，如果在页面中使用表达式，则不能将逻辑性的判断语句或循环语句写入表达式中，因为在 AngularJS 中，这类页面的应用逻辑必须写在管理页面的控制器代码中，而不是直接写在页面的表达式中，这点需要在使用 AngularJS 表达式时注意。

2.2　AngularJS 中的控制器

下面介绍 AngularJS 中的一个重要角色——控制器。在前面的章节中多次提到控制器，那么，AngularJS 中的控制器到底是什么？它又能实现哪些功能呢？接下来结合示例逐一进行解析。

2.2.1　控制器的概念

控制器（controller）在 AngularJS 中占有重要的地位，它是组成前端 MVC 框架的其中一员,其功能是管理页面的逻辑代码。当控制器通过 ng-controller 指令被添加到 DOM 页面时,AngularJS 将会通过控制器构造函数生成一个实体的对象,而在生成这个对象的过程中,$scope 对象作为参数注入其中,并允许用户访问$scope 对象,这样用户可以通过$scope 对象与页面中的元素进行数据绑定,从而实现数据从控制器层到视图层的过程。

2.2.2 控制器初始化$scope 对象

从上面对控制器的介绍不难看出,控制器的任务就是操作$scope 对象,而这种操作具体表现在两个方面:一是对$scope 对象进行初始化;二是为$scope 对象添加各种实现逻辑功能的方法。首先来看第一个功能——初始化$scope 对象。

接下来先通过一个完整的示例介绍控制器初始化$scope 对象的过程。

示例 2-4 控制器初始化$scope 对象

(1) 功能说明。

在页面中,以应用模块的方法构建一个控制器对象,并以内联声明方式表明控制器对象依赖于$scope 对象提供的服务。在控制器对象中,初始化$scope 一个名为 text 的属性,并与页面的 span 元素进行数据绑定。

(2) 实现代码。

在 WebStorm 开发工具中,新建一个 HTML 文件 2-4. html,加入如代码清单 2-4 所示的代码。

代码清单 2-4 控制器初始化$scope 对象

```
<!doctype html>
<html ng-app="a2_4">
<head>
    <title>控制器初始化$scope 对象</title>
    <script src="Script/AngularJS.min.js"
            type="text/javascript"></script>
</head>
<body>
    <div ng-controller="c2_4">
        span{{text}}</span>
    </div>
    <script type="text/javascript">
    var a2_4 = angular.module('a2_4', []);
    a2_4.controller('c2_4', ['$scope', function ($scope) {
            $scope.text = 'Hello!AngularJS';
        }]);
    </script>
</body>
</html>
```

(3) 页面效果。

执行的效果如图 2-4 所示。

图 2-4　控制器初始化 $ scope 对象

（4）代码分析。

在本示例的代码中，自定义控制器函数由全局方式改为在 AngularJS 模块下使用 . controller 方式创建，这种方式更加强调页面是一个整体的应用，控制器可以对应用中的某一个模块进行管理。相对于全局方式下的定义，该方式的扩展性和针对性更强。

在本示例的代码中，首先定义一个名为 a2_4 的 AngularJS 模块，然后通过下列代码，创建一个名为 c2_4 的控制器。

```
a2_4.controller('c2_4', [' $ scope', function ( $ scope) {
     ...代码块
}]);
```

在上述的代码中，采用内联注入的方式声明 c2_4 控制器的构建依赖 AngularJS 中的 $ scope 对象，即在构建控制器时，AngularJS 会自动将 $ scope 对象作为参数注入到控制器中。

虽然在构建控制器函数时， $ scope 对象已经自动注入，但还是需要对它进行初始化，而初始化的方法是通过向该对象添加属性，在本示例中的代码如下。

```
$ scope.text = 'Hello!AngularJS';
```

采用上述方式也可以添加多个属性，被添加的这些属性在控制器所管理的所有 DOM 元素中都可以采用数据绑定的方式进行访问，例如以下代码：

```
< div ng - controller = "c2_4">
     span{{text}}</span >
</div >
```

上述代码通过元素的 ng-controller 属性值指定控制器函数的名称，表明该元素中的全部 DOM 节点都受控制器管理，然后采用双大括号的方式绑定控制器的数据，从而最终实现视图层数据展示的功能。

2.2.3　添加 $scope 对象方法

除了可以通过初始化的方式为 $scope 对象添加属性之外,还可以为 $scope 对象添加方法,并依靠这些定义的方法满足视图层中逻辑处理和事件执行的需要。在添加完 $scope 对象的方法函数之后,在视图层中,就可以像绑定属性一样,通过表达式的方式绑定这些函数,处理业务逻辑需求,也可以通过 AngularJS 的事件处理器,将执行的事件(如 ng-click)绑定给这些函数,用来实现事件触发时需要完成的功能需求。

接下来分别通过两个示例介绍添加并执行 $scope 对象方法的过程。

示例 2-5　通过表达式绑定 $scope 对象的方法

(1) 功能说明。

在示例 2-4 的基础上向 $scope 对象添加一个名为 span_show()的函数,在该函数中,先重置 $scope 对象的 text 属性值,并通过 return 语句返回重置后的内容值;在页面中,通过 AngularJS 表达式绑定 $scope 对象中的 span_show()函数,显示重置后返回的内容。

(2) 实现代码。

在 WebStorm 开发工具中,新建一个 HTML 文件 2-5.html,加入如代码清单 2-5 所示的代码。

代码清单 2-5　通过表达式绑定 $scope 对象的方法

```
<!doctype html>
<html ng-app="a2_5">
<head>
    <title>通过表达式绑定 $scope 对象的方法</title>
    <script src="Script/AngularJS.min.js"
            type="text/javascript"></script>
</head>
<body>
    <div ng-controller="c2_5">
        <span class="show">{{span_show()}}</span>
    </div>
    <script type="text/javascript">
    var a2_5 = angular.module('a2_5', []);
      a2_5.controller('c2_5', ['$scope', function ($scope) {
            $scope.text = 'Hello! AngularJS';
            $scope.span_show = function () {
                $scope.text = "欢迎来到 AngularJS 的精彩世界!";
                return $scope.text;
            };
        }]);
    </script>
</body>
</html>
```

（3）页面效果。

执行的效果如图 2-5 所示。

图 2-5　通过表达式绑定 $scope 对象的方法

（4）代码分析。

在本示例的代码中，当构建名为 c2_5 的控制器时，除添加 text 属性外，还向 $scope 对象添加了一个名为 span_show() 的方法。该方法是一个自定义的函数，在函数中先重新设置了 $scope 对象的 text 属性值，再通过 return 语句返回重置后的属性值。

为了在页面中执行在控制器中定义的 span_show() 方法，在双大括号中以表达式的方式直接调用方法名称，因为调用该方法将返回重置后的 $scope 对象的 text 属性值。所以，在页面的 span 元素中，显示 $scope 对象被重置后的字符内容，完整效果如图 2-5 所示。

除了在页面中通过 AngularJS 的表达式调用 $scope 对象的方法外，还可以通过 AngularJS 的事件处理器将方法与某个事件相绑定，在触发事件时执行已绑定的方法。

示例 2-6　在事件中绑定 $scope 对象的方法

（1）功能说明。

在示例 2-4 的基础上向 $scope 对象添加一个名为 click_show() 的方法，同时，在页面中添加一个 button 元素，并在元素的 click 事件中绑定该方法，当单击"显示"按钮时，在页面的 span 元素中显示"单击后显示的内容！"字样。

（2）实现代码。

在 WebStorm 开发工具中，新建一个 HTML 文件 2-6.html，加入如代码清单 2-6 所示的代码。

代码清单 2-6　在事件中绑定 $scope 对象的方法

```
<!doctype html>
<html ng-app="a2_6">
<head>
    <title>在事件中绑定 $scope 对象的方法</title>
    <script src="Script/angular.min.js"
            type="text/javascript"></script>
</head>
```

```
< body >
    < div ng - controller = "c2_6">
        < span class = "show">{{text}}</span >
        < input id = "btnShow" type = "button"
            ng - click = "click_show();" value = "显示" />
    </div >
    < script type = "text/javascript">
    var a2_6 = angular.module('a2_6', []);
      a2_6.controller('c2_6', ['$scope', function ($scope) {
            $scope.text = 'Hello!AngularJS';
            $scope.click_show = function () {
                $scope.text = "单击后显示的内容!";
            };
        }]);
    </script >
</body >
</html >
```

（3）页面效果。

执行的效果如图 2-6 所示。

图 2-6　在事件中绑定 $scope 对象的方法

（4）代码分析。

在本示例的代码中，当构建控制器时，向 $scope 对象添加了一个名为 click_show() 的方法，在该方法中，将 $scope 对象的 text 属性重新赋值；在页面中，将 click_show() 方法与 button 元素的 click 事件通过 AngularJS 中的事件处理器 ng-click 相绑定，这样在单击 button 按钮时触发 click 事件，并调用已绑定的 click_show() 方法，重置 $scope 对象的 text 属性值。

由于在 span 元素中通过双大括号与 text 属性值进行了双向绑定，因此，一旦重置 text 属性值完成，被绑定的页面内容也将自动进行同步变更，最终，在页面的 span 中显示了"单击后显示的内容!"字样，其效果如图 2-6 所示。

除了可以向 $scope 对象添加方法之外，还可以在方法中添加参数，多个参数同样通过逗号隔开。

接下来再通过一个示例介绍向＄scope对象添加带参数的方法。

示例 2-7　添加带参数的 ＄scope()方法

（1）功能说明。

在示例 2-6 的基础上再向控制器中添加一个名为 click_para 的带参数方法,并在页面中再添加一个 button 元素,并且将新添方法与元素的 ng-click 事件绑定,这样当单击该元素时 span 元素中显示被绑定方法的参数内容。

（2）实现代码。

在 WebStorm 开发工具中,新建一个 HTML 文件 2-7.html,加入如代码清单 2-7 所示的代码。

代码清单 2-7　添加带参数的 ＄scope()方法

```html
<!doctype html>
<html ng-app="a2_7">
<head>
    <title>添加带参数的＄scope()方法</title>
    <script src="Script/angular.min.js"
            type="text/javascript"></script>
</head>
<body>
    <div ng-controller="c2_7">
        <span class="show">{{text}}</span>
        <input id="btnShow" type="button"
                ng-click="click_show();" value="显示" />
        <input id="btnPara" type="button"
                ng-click="click_para('单击了带参数按钮!');"
                value="带参数显示" />
    </div>
    <script type="text/javascript">
var a2_7 = angular.module('a2_7', []);
  a2_7.controller('c2_7', ['＄scope', function (＄scope) {
        ＄scope.text = 'Hello!AngularJS';
        ＄scope.click_show = function () {
            ＄scope.text = "单击后显示的内容!";
        };
        ＄scope.click_para = function (ptext) {
            ＄scope.text = ptext;
        };
    }]);
    </script>
</body>
</html>
```

（3）页面效果。

执行的效果如图 2-7 所示。

图 2-7   添加带参数的 $ scope 方法

（4）代码分析。

在本示例的代码中，当构建控制器时，又新添加了一个名为 click_para() 的带参数方法，在该方法中将形参 ptext 的值设置为 $ scope 对象 text 的属性值；而在页面中通过 AngularJS 的事件处理器，将新添加的方法与另外一个 button 元素的 click 事件绑定，在绑定时，将字符串常量"单击了带参数按钮!"作为调用方法时需要传递的实参。

当单击 button 元素时便触发了 click 事件，在事件中调用 click_para() 方法，由形参 ptext 接收传来的字符串常量，并将该常量值作为 $ scope 对象 text 的属性值。由于页面中的 span 元素已通过双大括号中的表达式绑定了 text 属性值，因此，在控制器中 $ scope 对象的 text 属性值变化后，被绑定的 span 元素显示内容将自动同步更新，最终将更新的内容显示在页面中。

2.2.4 $ scope 对象属性和方法的继承

继承，顾名思义，指的是一种层次间的延续关系。由于页面本身就是一个具有层次性的 DOM 结构模型，而 AngularJS 中的 ng-controller 指令也允许在不同层次的元素中指定控制器，因此，处于子层次控制器中的 $ scope 对象将会自动继承父层次控制器中 $ scope 对象的属性和方法。

接下来通过一个示例说明 $ scope 对象中属性和方法的继承过程。

示例 2-8 $ scope 对象属性和方法的继承

（1）功能说明。

在页面中添加两个具有包含关系的 div 元素，在父级 div 的控制器中添加属性和方法，而将这些属性和方法与子级 div 中的元素绑定，在子级 div 的 span 元素中显示属性内容，在单击 button 按钮时调用父级控制器中添加的方法。

（2）实现代码。

在 WebStorm 开发工具中，新建一个 HTML 文件 2-8. html，加入如代码清单 2-8 所示的代码。

代码清单 2-8　＄scope 对象属性和方法的继承

```
<!doctype html>
< html ng - app = "a2_8">
< head >
    < title >＄scope 对象属性和方法的继承</title>
    < script src = "Script/angular.min.js"
            type = "text/javascript"></script>
</head >
< body >
    < div ng - controller = "c2_8">
        < div ng - controller = "c2_8_1">
            < span class = "show">{{text}}</span>< br />
            < span class = "show">{{child_text}}</span>
            < input id = "btnShow" type = "button"
                    ng - click = "click_show();" value = "继承" />
        </div>
    </div >
    < script type = "text/javascript">
    var a2_8 = angular.module('a2_8', []);
    a2_8.controller('c2_8', ['＄scope', function (＄scope) {
        ＄scope.text = 'Hello!AngularJS';
        ＄scope.click_show = function () {
                ＄scope.text = "单击按钮后显示的内容!";
            };
        }]);
    a2_8.controller('c2_8_1', ['＄scope', function (＄scope) {
        ＄scope.child_text = '欢迎来到 AngularJS 的精彩世界!';
        }]);
    </script >
</body >
</html >
```

（3）页面效果。

执行的效果如图 2-8 所示。

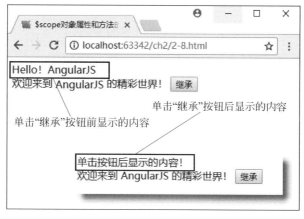

图 2-8　＄scope 对象属性和方法的继承

（4）代码分析。

在本示例的代码中,通过 a2_8 模块构建了两个名称分别为 c2_8 和 c2_8_1 的控制器,用于管理页面中的父级和子级 div 元素。由于子级 div 元素继承了父级控制器中 $scope 对象的属性和方法,因此,在子级 div 元素中,第一个 span 元素绑定了父级中 $scope 对象的 text 属性值,button 元素绑定了父级控制器中 $scope 对象的 click_show()方法,当单击该按钮时,重置 text 属性的值,并同步更新页面中绑定该属性显示的内容。

通常情况下,在 $scope 对象的继承中,不仅局限于父与子的层次关系,而且是一种内层继承外层的顺序关系,即最内层可以继承包含它的所有外层中 $scope 对象的属性和方法,而在最内层控制器中添加的新属性和方法,最外层不能访问,因此,这种继承是一种向外的顺序关系。

2.3 AngularJS 中的模板

AngularJS 自身提供了一整套完整的模板系统,配合 $scope 对象和数据双向绑定机制,将页面纯静态元素,经过行为、属性的添加和格式的转换,最终变成在浏览器中显示的动态页。

在模板系统中,可以包含 AngularJS 的指令、数据绑定、表单控件和过滤器,同时,在处理复杂程序时,可以构建多个模板页面作用于视图层,在主页中,再通过包含(include)的方式加载这些零散的模板页。这样做的好处在于一次定义可多处调用,增加代码的重复使用率,减少维护成本。

2.3.1 构建模板内容

构建模板的内容是使用模板功能的前提,一般通过下列几种方式构建。

- 直接在页面中添加元素和 AngularJS 指令,依赖控制器中构建的属性和方式绑定模板中的元素内容和事件,实现应用需求。
- 通过 type 类型为 text/ng-template 的 script 元素来构建一个用于绑定数据的模板,在模板内部添加数据绑定和元素的事件。
- 通过添加元素的 src 属性,导入一个外部文件作为绑定数据的模板,在导入数据模板时,除添加 src 属性外,还需使用 ng-include 指令。

接下来通过一个简单的示例演示构建模板内容的方式。

示例 2-9 构建模板内容

（1）功能说明。

在页面中,首先,通过 script 元素构建一个显示两项数据信息的模板,然后,在新增的一个 div 元素中将模板的内容导入到元素中。

（2）实现代码。

在 WebStorm 开发工具中,新建一个 HTML 文件 2-9.html,加入如代码清单 2-9 所示的代码。

代码清单 2-9　构建模板内容

```html
<!doctype html >
< html ng-app = "a2_9">
< head >
    <title>构建模板内容</title>
    < script src = "Script/angular.min.js"
            type = "text/javascript"></script>
</head >
< body >
    < script type = "text/ng-template" id = "tplbase">
        姓名:{{ name }},
        < br />邮箱:{{email}}
    </script >
    < div ng-include src = "'tplbase'"
        ng-controller = "c2_9"></div >
    < script type = "text/javascript">
    var a2_9 = angular.module('a2_9', []);
      a2_9.controller('c2_9', ['$scope', function ($scope) {
          $scope.name = '陶国荣';
          $scope.email = 'tao_guo_rong@163.com';
      }]);
    </script >
</body >
</html >
```

（3）页面效果。

执行的效果如图 2-9 所示。

图 2-9　构建模板内容

（4）代码分析。

在本示例的代码中,先添加一个 type 类型为 text/ng-template 的 script 元素,并在该元素中通过双大括号的方式绑定控制器中需要显示的两项数据。由于该元素定义的是 AngularJS 类型的模板,因此,它可以直接使用 AngularJS 中的表达式进行数据绑定。除此之外,还可以在模板中绑定元素的各类事件。

完成模板内容构建之后,新添加一个 div 元素,用来导入模板内容。在导入时,首先,添加 ng-include 指令,声明该元素的内容来源于其他模板;然后添加 src 属性,指定对应模块的名称,即 id 值或模板文件名称。需要注意的是,src 属性值是一个表达式,它可以是 $ scope 中的属性名,也可以是普通字符串,如果是后者,则必须添加引号。

2.3.2 使用指令复制元素

在构建模板内容的过程中,有时需要反复将不同的数据加载到一个元素中。例如,通过 li 元素绑定一个数组的各成员。此时,可以使用 ng-repeat 指令,它的功能是根据绑定数组成员的数量,复制页面中被绑定的 li 元素,并在复制过程中添加元素相应的属性和方法。通过这种方式,实现数组数据与元素绑定的过程。

在使用 ng-repeat 指令复制元素的过程中,还提供了几个非常实用的专有变量。通过这些变量可以处理显示数据时的各种状态。这些变量的功能分别如下。

- $ first,该变量表示记录是否是首条,如果是则返回 true,否则返回 false。
- $ last,该变量表示记录是否是尾条,如果是则返回 true,否则返回 false。
- $ middle,该变量表示记录是否是中间条,如果是则返回 true,否则返回 false。
- $ index,该变量表示记录的索引号,其对应的值从 0 开始。

接下来通过一个示例演示使用 ng-repeat 指令复制元素的过程。

示例 2-10 使用指令复制元素

(1)功能说明。

在页面中,通过 li 元素显示一个数组中的全部成员数据,并且在显示数据时列出当条记录是否为"首条"和"尾条"记录的状态信息。

(2)实现代码。

在 WebStorm 开发工具中,新建一个 HTML 文件 2-10. html,加入如代码清单 2-10 所示的代码。

代码清单 2-10 使用指令复制元素

```
<!doctype html>
<html ng-app="a2_10">
<head>
    <title>使用指令复制元素</title>
    <script src="Script/angular.min.js"
            type="text/javascript"></script>
    <style type="text/css">
        body {
            font-size: 12px;
        }
        ul {
            list-style-type: none;
            width: 400px;
            margin: 0px;
            padding: 0px;
```

```
            }
            ul li {
                float: left;
                padding: 5px 0px;
            }
            ul li span {
                width: 50px;
                float: left;
                padding: 0px 10px;
            }
        </style>
    </head>
    <body>
        <div ng-controller="c2_10">
            <ul>
                li
                    span 序号</span>
                    span 姓名</span>
                    span 性别</span>
                    span 是否首条</span>
                    span 是否尾条</span>
                </li>
                <li ng-repeat="stu in data">
                    span{{$index+1}}</span>
                    span{{stu.name}}</span>
                    span{{stu.sex}}</span>
                    span{{$first?'是':'否'}}</span>
                    span{{$last?'是':'否'}}</span>
                </li>
            </ul>
        </div>
        <script type="text/javascript">
        var a2_10 = angular.module('a2_10', []);
        a2_10.controller('c2_10', ['$scope', function ($scope) {
            $scope.data = [
            { name: "张明明", sex: "女" },
            { name: "李清思", sex: "女" },
            { name: "刘小华", sex: "男" },
            { name: "陈忠忠", sex: "男" }
            ];
        }]);
        </script>
    </body>
</html>
```

（3）页面效果。

执行的效果如图 2-10 所示。

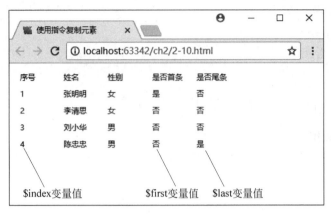

图 2-10　使用指令复制元素

（4）代码分析。

在本示例的代码中，首先，在对应页面的控制器代码中，以 $scope 属性的方式添加了一个名为 data 的数组，用作页面中 li 元素绑定的数据源。然后，在页面中添加 ul 元素，并在该元素中再添加两个 li 元素，第一个用于标题显示，第二个用于绑定 data 数组内容。

在用于绑定 data 数组内容的第二个 li 元素中，调用 AngularJS 中的 ng-repeat 指令完成数据与页面元素的绑定。在绑定过程中，AngularJS 将先遍历 data 数组，在遍历时复制一份 li 元素，并通过 stu 对象将控制器中的属性和方法添加至该元素中，在遍历完成后便生成了与数组成员数量对应的 li 元素，并且在这些元素中也添加了需要显示的内容和方法，从而最终实现以列表方式显示集合数据的功能。

在通过 ng-repeat 指令复制元素的过程中，可以通过表达式的方式直接调用 AngularJS 提供的几个专用的变量 $first、$middle、$last、$index。由于这些变量均返回布尔值，因此，可以根据返回的布尔值，再借助"?:"运算符转换为中文显示的文字内容，实现的过程如本示例中的代码所示。

2.3.3　使用指令添加元素

在 AngularJS 中，添加元素的样式也非常简单，概括起来可以通过下列几种方式来进行。

1. 直接绑定值为 CSS 类别名称的 $scope 对象属性

这种方式的操作非常简单，先在控制器中添加一个值为 CSS 类别名称的属性，然后在页面元素的 class 或 ng-class 属性值中，通过双大括号方式绑定属性名即可，代码如下。

```
$scope.red = red;
```

上述代码表示在控制器中添加了一个名为 red 的属性，它的属性值是名为 red 的 CSS 类别名。添加完 red 属性后，在页面中可以通过下列代码进行调用。

```
<div ng-class="{{red}}"></div>
```

等价于下列代码。

```
< div class = "{{red}}"></div>
```

虽然这种方式操作简单,但在控制器中定义 CSS 类别名称,并不是 AngularJS 所提倡的,在开发 AngularJS 应用时,尽量保证控制器的代码都是处理业务逻辑,并不涉及页面元素。

2. 以字符串数组方式选择性添加 CSS 类别名称

这种方式将根据控制器中一个布尔类型的属性值来决定页面中元素添加的 CSS 样式名。当该属性值为 true 时,添加一个 CSS 样式名;当属性值为 false 值时,添加另外一个 CSS 样式名。下列代码添加一个名为 blnfocus 的属性,由它决定页面中 div 元素的样式。

```
$ scope.blnfocus = true;
```

接下来在页面的 div 元素中添加 ng-class 属性,并在属性值中通过字符串数组方式添加 CSS 类别名称,代码如下。

```
< div ng – class = "{true:'red',false:'green'}[blnfocus]"></div>
```

在上述代码中,div 的 CSS 样式取决于 blnfocus 为属性值。当该值为 true 时,添加 red 样式名;当该值为 false 时,添加 green 样式名。这种方式只能在两种样式中选择一种,并且"{}"和"[]"顺序不可颠倒,在"{}"中设置可选择的两种样式名称,在"[]"中放置控制样式的属性名。

3. 通过定义 key/value 对象的方式添加多个 CSS 类别名称

与前面介绍的两种添加 CSS 类别名的方法相比而言,第三种方法的功能要强大很多,它可以根据控制显示样式的属性值添加多个样式名,例如,先添加两个用于控制样式显示的"a""b"属性,这两个属性的类型均为布尔型,代码如下。

```
$ scope.a = false;
$ scope.b = true;
```

接下来在页面的 div 元素中,添加 ng-class 属性,在设置属性值时,通过定义 key/value 对象的方式来添加多个 CSS 样式名,代码如下。

```
< div ng – class = "{'red':a ,'green':b}"></div>
```

在上述 ng-class 属性值设置过程中,样式名 red 和 green 分别为 key 值,属性值 a、b 分别为对应的 value 值,当 value 即属性值为 true 时,则添加对应的 key 即 CSS 样式名,因此,这种方式可以实现添加多种 CSS 样式名称,适合在处理复杂样式时使用。

此外,在 AngularJS 中,还有另外两个用于添加样式的页面指令,分别为 ng-class-odd 和 ng-class-even。这两个样式指令是专用于以列表方式显示数据,对应奇数行和偶数行的样式。

接下来再通过一个完整的示例详细介绍样式在页面中的使用。

示例 2-11 添加元素样式

(1) 功能说明。

在示例 2-10 的基础上,在样式方面增加三个功能:首先,将第一个 li 元素中显示的字体加粗;其次,添加 ng-class-odd 和 ng-class-even 两个指令,实现列表的隔行变色的功能;最后,当单击某行 li 的元素时,显示相应的背景色。

(2) 实现代码。

在 WebStorm 开发工具中,新建一个 HTML 文件 2-11.html,加入如代码清单 2-11 所示的代码。

代码清单 2-11 添加元素样式

```html
<!doctype html>
<html ng-app="a2_11">
<head>
    <title>添加元素样式</title>
    <script src="Script/angular.min.js"
            type="text/javascript"></script>
    <style type="text/css">
        body {
            font-size: 12px;
        }
        ul {
            list-style-type: none;
            width: 408px;
            margin: 0px;
            padding: 0px;
        }
        ul li {
            float: left;
            padding: 5px 0px;
        }
        ul .odd {
            color: #0026ff;
        }
        ul .even {
            color: #ff0000;
        }
        ul .bold {
            font-weight: bold;
        }
        ul li span {
            width: 52px;
            float: left;
            padding: 0px 10px;
        }
```

```
            ul .focus {
                  background - color: #cccccc;
            }
      </style>
</head>
<body>
      <div ng - controller = "c2_11">
            <ul>
                  <li ng - class = "{{bold}}">
                        span 序号</span>
                        span 姓名</span>
                        span 性别</span>
                        span 是否首条</span>
                        span 是否尾条</span>
                  </li>
                  <li ng - class - odd = "'odd'"
                        ng - class - even = "'even'"
                        ng - repeat = " stu in data"
                        ng - click = 'li_click( $ index)'
                        ng - class = '{focus: $ index == focus}'>
                        span{{ $ index + 1}}</span>
                        span{{stu.name}}</span>
                        span{{stu.sex}}</span>
                        span{{ $ first?'是':'否'}}</span>
                        span{{ $ last?'是':'否'}}</span>
                  </li>
            </ul>
      </div>
      <script type = "text/javascript">
      var a2_11 = angular.module('a2_11', []);
      a2_11.controller('c2_11', [' $ scope', function ( $ scope) {
            $ scope.bold = "bold";
            $ scope.li_click = function (i) {
                  $ scope.focus = i;
            };
            $ scope.data = [
            { name: "张明明", sex: "女" },
            { name: "李清思", sex: "女" },
            { name: "刘小华", sex: "男" },
            { name: "陈忠忠", sex: "男" }
            ];
      }]);
      </script>
</body>
</html>
```

（3）页面效果。

执行的效果如图 2-11 所示。

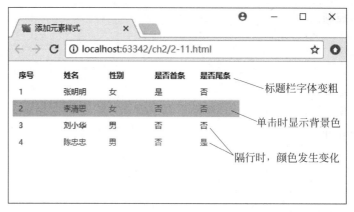

图 2-11　添加元素样式

（4）代码分析。

在本示例的代码中，首先，定义了名称为 odd、even、bold、focus 的 4 种样式，分别用于隔行时的两种字体色、标题栏字体变粗和单击某行时的背景色。

其次，在控制器代码中，除添加 data 数组集合外，又添加了一个 bold 属性，用于指定加粗显示字体时的样式名。另外，还添加了一个带参数的 li_click()方法，当调用该方法时，将 focus 属性值设为传入参数值。

再次，在页面代码中，先通过双大括号方式，将第一个 li 元素的 ng-class 值与 bold 属性值绑定，由于该值指定的是一个加粗时的样式名，因此，在绑定后，li 元素中的字体变粗；然后，使用 ng-class-odd 和 ng-class-even 样式指令分别绑定奇数行和偶数行的样式名，实现隔行换色的功能；最后，在 li 元素的单击事件中，将执行 $scope 对象中添加的 li_click()方法，在该方法中将 $index(行号值)作为实参传给方法，并且将 focus 属性值设置为 $index 值，因此，当单击某行 li 元素时，focus 属性值将变为相应的 $index 值。

最后，在页面 li 元素的 ng-class 样式指令值中通过 key/value 对象的方式指定该元素需要添加的样式。由于单击 li 元素时，$index 变量值和 focus 属性值相同，也就是说表达式 $index==focus 的返回值为 true，因此，ng-class 样式指令值变为 focus，最终实现当单击 li 元素时添加背景样式的页面效果。

2.3.4　控制元素的显示与隐藏状态

在 AngularJS 中，可以通过 ng-show、ng-hide、ng-switch 指令来控制元素显示与隐藏的状态，前两个指令直接控制元素的显示和隐藏状态，当 ng-show 值为 true 或 ng-hide 值为 false 时，元素显示，反之，元素隐藏。

ng-switch 指令的功能是显示匹配成功的元素，该指令需要结合 ng-switch-when 和 ng-switch-defalut 指令使用。在 ng-switch 指令中，如果指定的 on 值与某个或多个添加 ng-switch-when 指令的元素匹配时，这些元素显示，其他未匹配的元素则隐藏；如果没有找到与 on 值相匹配的元素，则显示添加了 ng-switch-defalut 指令的元素。

接下来再通过一个示例演示控制元素显示与隐藏状态的过程。

示例 2-12 控制元素的显示与隐藏状态

(1) 功能说明。

在页面中,调用 ng-show、ng-hide、ng-switch 指令绑定 $scope 对象的属性值,控制 div 和 li 元素显示与隐藏的状态。

(2) 实现代码。

在 WebStorm 开发工具中,新建一个 HTML 文件 2-12. html,加入如代码清单 2-12 所示的代码。

代码清单 2-12 控制元素的显示与隐藏状态

```
<!doctype html>
<html ng-app = "a2_12">
<head>
    <title>控制元素的显示与隐藏状态</title>
    <script src = "Script/angular.min.js"
            type = "text/javascript"></script>
    <style type = "text/css">
        body {
            font-size: 12px;
        }
        ul {
            list-style-type: none;
            margin: 0px;
            padding: 0px;
        }
        div {
            margin: 8px 0px;
        }
    </style>
</head>
<body>
    <div ng-controller = "c2_12">
        <div ng-show = {{isShow}}>陶国荣</div>
        <div ng-hide = {{isHide}}> tao_guo_rong@163.com </div>
        <ul ng-switch on = {{switch}}>
            <li ng-switch-when = "1">陶国荣</li>
            <li ng-switch-when = "2"> tao_guo_rong@163.com </li>
            <li ng-switch-default>更多…</li>
        </ul>
    </div>
    <script type = "text/javascript">
    var a2_12 = angular.module('a2_12', []);
    a2_12.controller('c2_12', ['$scope', function ($scope) {
            $scope.isShow = true;
            $scope.isHide = false;
            $scope.switch = 3;
```

```
        }]);
    </script>
</body>
</html>
```

（3）页面效果。

执行的效果如图 2-12 所示。

图 2-12　控制元素的显示与隐藏状态

（4）代码分析。

在本示例的代码中，前两个 div 元素分别添加了 ng-show 和 ng-hide，并通过双大括号绑定了 isShow 和 isHide 属性，而这两个属性在控制器中添加时的值分别为 true 和 false，因此，这两个 div 元素都将显示在页面中。

此外，在添加 ng-switch 指令的 ul 元素中，由于 on 值绑定了 switch 属性，而该属性在控制器中添加时的值为 3，并且在页面中添加了 ng-switch-when 指令的 li 元素中，没有找到 ng-switch-when 指令值为 3 的元素，因此，只能显示添加了 ng-switch-default 指令的 li 元素，即最后一行显示内容为"更多…"的 li 元素，最终显示效果如图 2-12 所示。

2.4　模板中的表单控件

在介绍完 AngularJS 中的模板内容定义的方法之后，接下介绍模板中一个非常重要的控件——表单控件。表单是各类控件如 input、select、textarea 的集合体，这些控件依附于表单，形成 DOM 元素中最为重要的数据交互元素，而 AngularJS 也对表单中的控件做了专门的包装，其中最重要的一项就是控件的自我验证功能。接下来逐一进行介绍。

2.4.1　表单基本验证功能

在 AngularJS 中，专门针对表单和表单中的控件提供了下列几个属性，用于验证控件交互值的状态。

- $pristine 表示表单或控件内容是否未输入过。

- $dirty 表示表单或控件内容是否已输入过。
- $valid 表示表单或控件内容是否验证已通过。
- $invalid 表示表单或控件内容是否验证未通过。
- $error 表示表单或控件内容验证时的错误提示信息。

前面4项属性均返回布尔类型的值,最后一项属性返回一个错误对象,包含全部表单控件验证时返回的错误信息。

接下来通过一个简单的示例演示表单基本验证功能。

示例 2-13 表单基本验证功能

(1) 功能说明。

在页面的表单中,添加两个input文本框输入元素:第一个用于输入姓名,要求输入内容不能为空;第二个用于输入邮件地址,除输入内容不为空外,邮件地址的格式必须正确,当表单验证失败时,"提交"按钮将不可用。

(2) 实现代码。

在WebStorm开发工具中,新建一个HTML文件2-13.html,加入如代码清单2-13所示的代码。

代码清单 2-13 表单基本验证功能

```html
<!doctype html>
<html ng-app="a2_13">
<head>
    <title>表单基本验证功能</title>
    <script src="Script/angular.min.js"
            type="text/javascript"></script>
    <style type="text/css">
        body {
            font-size: 12px;
        }
        input {
            padding: 3px;
        }
    </style>
</head>
<body>
    <form name="temp_form"
        ng-submit="save()"
        ng-controller="c2_13">
        div
            <input name="t_name" ng-model="name"
                type=text required />
            <span ng-show="temp_form.t_name.$error.required">
                姓名不能为空!
            </span>
        </div>
        div
            <input name="t_email" ng-model="email"
```

```
                         type = "email" required />
            < span ng - show = "temp_form.t_email. $ error. required">
                邮件不能为空!
            </span >
            < span ng - show = "temp_form.t_email. $ error. email">
                邮件格式不对!
                </span >
                </div >
                < input type = "submit"
                        ng - disabled = "temp_form. $ invalid"
                        value = "提交" />
        </form >
        < script type = "text/javascript">
        var a2_13 = angular.module('a2_13', []);
        a2_13.controller('c2_13', [' $ scope', function ( $ scope) {
                $ scope.name = "陶国荣";
                $ scope.email = "tao_guo_rong@163.com";
                $ scope.save = function () {
                    console.log("提交成功!");
                }
            }]);
        </script >
    </body >
    </html >
```

（3）页面效果。

执行的效果如图 2-13 所示。

图 2-13　表单基本验证功能

（4）代码分析。

在本示例的代码中，当构建应用控制器代码时，先添加与页面层输入文本框相对应的两个属性 name 和 email，再添加一个 save()方法，用于单击"提交"按钮时执行。

在页面代码中，首先，为了使用 AngularJS 中提供的表单控件的验证属性，必须在输入文本框中添加 ng-model 指令并绑定控制器中添加的相应属性名，否则，无法执行

AngularJS 的表单控件的验证功能,这点必须注意。

　　然后,添加 span 元素,将验证时返回的错误信息状态作为 ng-show 指令值,用于控制 span 元素的显示或隐藏。如果错误信息状态返回 true,表示出现错误,则显示 span 元素中的提示信息,反之,隐藏 span 元素。

　　最后,在添加"提交"按钮时,将该按钮的不可用性 ng-disabled 指令与表单是否未验证成功的属性值相绑定,即如果返回 true,则表示表单验证未成功,那么"提交"按钮的不可用性也为 true,变为不可用的灰色,否则变为可以单击的可用状态。

2.4.2　表单中的 checkbox 和 radio 控件

　　在表单控件中,checkbox 和 radio 控件与 input 元素的其他类型控件不同,这两个控件不具有 AngularJS 的控件验证功能,而且 checkbox 有选中和非选中两种状态,而 radio 只有一种选中状态。checkbox 和 radio 控件都可以通过 ng-model 指令绑定控制器的属性,一旦绑定完成,在首次加载时,将以绑定的属性值作为控件初始化的状态。

　　接下来通过一个简单的示例演示这两个控件操作的过程。

示例 2-14　表单中的 checkbox 和 radio 控件

（1）功能说明。

　　在页面的表单中,分别添加一个 type 类型为 checkbox 和两个 type 类型为 radio 的 input 元素,并添加一个"提交"按钮,当单击此按钮时,显示这些表单控件所选中的值。

（2）实现代码。

　　在 WebStorm 开发工具中,新建一个 HTML 文件 2-14.html,加入如代码清单 2-14 所示的代码。

代码清单 2-14　表单中的 checkbox 和 radio 控件

```
<!doctype html>
<html ng-app="a2_14">
<head>
    <title>表单中的 checkbox 和 radio 控件</title>
    <script src="Script/angular.min.js"
            type="text/javascript"></script>
    <style type="text/css">
        body {
            font-size: 12px;
        }
        div {
            margin: 8px 0px;
        }
    </style>
</head>
<body>
    <form name="temp_form"
            ng-submit="save()"
            ng-controller="c2_14">
```

```
        div
            < input type = checkbox
                    ng – model = "a" ng – true – value = "同意"
                    ng – false – value = "不同意" />
            同意
        </div >
        div
            性别:
            < input type = radio ng – model = "b" value = "男" />男
            < input type = radio ng – model = "b" value = "女" />女
        </div >
        < input type = "submit" value = "提交" />
        div{{c}}</div>
    </form >
    < script type = "text/javascript">
    var a2_14 = angular.module('a2_14', []);
    a2_14.controller('c2_14', [' $ scope', function ( $ scope) {
        $ scope.a = "同意";
        $ scope.b = "男";
        $ scope. save = function () {
            $ scope.c = "您选择的是:" + $ scope.a + "和" + $ scope.b;
            }
        }]);
    </script >
</body >
</html >
```

（3）页面效果。

执行的效果如图 2-14 所示。

图 2-14 表单中的 checkbox 和 radio 控件

（4）代码分析。

在本示例的代码中,当构建应用的控制器代码时,先向 $ scope 对象添加 a 和 b 两个属性,分别用于表单中 checkbox 和 radio 控件的数据绑定。同时,这两个属性的初始值决定控件元素显示的初始化状态。

然后,在页面代码中,当添加 checkbox 类型控件时,除了添加 ng-mode 指令绑定控制器中的属性外,还添加了 ng-true-value 和 ng-false-value 指令,前者表示选中时返回的值,后者表示未选中时返回的值。另外,在添加 radio 类型控件时,只要将多个控件的 ng-mode 指令值设为相同,这些 radio 类型控件就只有一个选中时的值,并且,当一个选中时,其他控件自动变成非选中的状态。

最后,当单击"提交"按钮时,将执行控制器中的 save()方法。在该方法中,将绑定控件后的 a 和 b 属性值赋予新添加的属性 c,而属性 c 又通过双大括号的方式被绑定在 div 元素中,因此,在单击"提交"按钮后,控件选中的值将显示在 div 元素中。

2.4.3　表单中的 select 控件

在 AngularJS 中,与其他表单中的控件元素相比而言,select 控件的功能要强大很多,它可以借助 ng-options 指令属性,将数组、对象类型的数据添加到 option 元素中,同时还能在添加数据时进行分组显示。select 控件绑定数据的形式有下列几种。

1. 绑定简单的数组数据

这种方式最为常用,也最为简单,只需要先在控制器中添加一个数组,代码如下。

```
$ scope.data = ['A','B','C','D']
```

然后,在页面 select 控件中,通过 ng-options 指令属性值,采用"…for…in…"格式将数组与 select 控件绑定,代码如下。

```
< select ng - model = "a" ng - options = "txt for txt in data">
    < option value = "">-- 请选择 --</option >
</select >
```

在上述页面代码中,必须添加 ng-model 属性,否则无法绑定控制器中的数组,并且 ng-model 的属性值就是 select 控件的选中值,它们之间是双向绑定的关系。

2. 绑定简单的对象数据

除绑定简单的数组外,select 控件还可以绑定一个对象,实现过程也非常简单,只要先在控制器中添加一个对象,代码如下。

```
$ scope.data = [
    { id: '1', name: 'A' },
    { id: '2', name: 'B' },
    { id: '3', name: 'C' },
    { id: '4', name: 'D' }
]
```

然后,在页面 select 控件中,通过 ng-options 指令属性值,采用"…as…for…in…"格式将对象与 select 控件绑定,代码如下。

```
< select ng - model = "a"
        ng - options = "txt. id as txt. name for txt in data">
        < option value = "">-- 请选择 --</option >
</select >
```

在上述页面代码中,在设置 select 控件的 ng-options 属性值时,as 前面部分对应元素的 value 值,用于选中时获取; as 后面部分对应元素的 text 值,用于直接显示。

3. 以分组的形式绑定对象数据

除直接绑定对象数据外,还可以将对象中的数据进行分组绑定显示,实现的方式也很简单,只要先在控制器中添加一个有分组成员的对象数据,代码如下。

```
$ scope. data = [
    { id: '1', name: 'A', key: '大写' },
    { id: '2', name: 'B', key: '大写' },
    { id: '3', name: 'c', key: '小写' },
    { id: '4', name: 'd', key: '小写' }
]
```

在上述代码中,如果对象 data 中的 key 为分组成员,那么,在页面 select 控件的 ng-options 属性中采用"…as…group by…for…in…"格式,可以实现对象按 key 成员分组绑定并显示的功能,代码如下。

```
< select ng - model = "a" ng - options = "txt. id as txt. name
        group by txt. key for txt in data">
        < option value = "">-- 请选择 --</option >
</select >
```

通过上面几种 select 控件绑定数据的介绍,相信读者对在 AngularJS 中使用 select 控件有了一个初步的认识。

接下来再通过一个完整的示例详细演示 select 控件的使用过程。

示例 2-15 表单中的 select 控件

(1) 功能说明。

在页面的表单中,分别添加两个 select 表单控件,第一个绑定一个普通的对象,第二个绑定一个带分组显示的对象,当选择这两个控件的选项时,分别显示所选中的选项值。

(2) 实现代码。

在 WebStorm 开发工具中,新建一个 HTML 文件 2-15. html,加入如代码清单 2-15 所示的代码。

代码清单 2-15 表单中的 select 控件

```
<!doctype html >
< html ng - app = "a2_15">
< head >
```

```
    <title>表单中的 select 控件</title>
    <script src = "Script/angular.min.js"
            type = "text/javascript"></script>
    <style type = "text/css">
        body {
            font-size: 12px;
        }
        div {
            margin: 8px 0px;
        }
    </style>
</head>
<body>
    <form name = "temp_form" ng-controller = "c2_15">
        div
            学制:
            <select ng-model = "a"
                    ng-options = "v.id as v.name for v in a_data"
                    ng-change = "a_change(a)">
                <option value = "">-- 请选择 --</option>
            </select>
            span{{a_show}}</span>
        </div>
        div
            班级:
            <select ng-model = "b" ng-options = "v.id as v.name
                    group by v.grade for v in b_data"
                    ng-change = "b_change(b)">
                <option value = "">-- 请选择 --</option>
            </select>
            span{{b_show}}</span>
        </div>
    </form>
    <script type = "text/javascript">
    var a2_15 = angular.module('a2_15', []);
    a2_15.controller('c2_15', ['$scope', function ($scope) {
            $scope.a_data = [
            { id: "1001", name: "小学" },
            { id: "1002", name: "初中" },
            { id: "1003", name: "高中" }
            ];
            $scope.b_data = [
            { id: "1001", name: "(1)班", grade: "一年级" },
            { id: "1002", name: "(2)班", grade: "一年级" },
            { id: "2001", name: "(1)班", grade: "二年级" },
            { id: "2002", name: "(2)班", grade: "二年级" },
            { id: "3001", name: "(1)班", grade: "三年级" },
            { id: "3002", name: "(2)班", grade: "三年级" }
            ];
```

```
            $ scope.a = "";
            $ scope.b = "";
            $ scope.a_change = function (a) {
                $ scope.a_show = "您选择的是:" + a;
            }
            $ scope.b_change = function (b) {
                $ scope.b_show = "您选择的是:" + b;
            }
        }]);
    </script>
</body>
</html>
```

（3）页面效果。

执行的效果如图 2-15 所示。

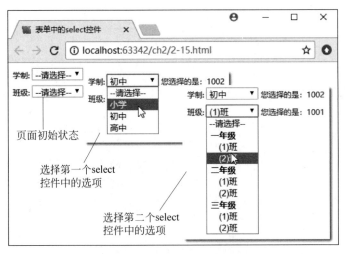

图 2-15　表单中的 select 控件

（4）代码分析。

在构建本示例的控制器代码时,首先,为了向页面中的两个 select 表单控件提供数据源,分别添加两个数据对象 a_data 和 b_data,并且在 b_data 数据对象中指定 grade 属性为分组绑定显示的成员,即按该属性名进行分组绑定对象数据。

然后,为了动态获取两个 select 表单控件选中的值,在控制器中又分别添加了两个属性 a 和 b,用于控件的 ng-model 属性值的绑定。当这两个属性与页面中的两个 select 控件绑定之后,在控制器代码中就可以调用这两个属性值来获取控件当前所选中的选项值。

最后,在控制器代码添加了两个方法 a_change()和 b_change(),分别用于绑定两个 select 表单控件的 ng-change 事件。在触发事件执行绑定方法的过程中,分别将 select 控件选中的值作为新添属性 a_show 和 b_show 的值,而这两个属性又与页面中的两个 span 元素进行双向绑定,因此,最终实现将选择的内容值显示在页面中的功能。

在页面两个 select 控件的 ng-options 属性值中,分别采用"…as…for…in…"和"…as…

group by…for…in…"的格式,实现对控制器中 a_data 数据对象的绑定和 b_data 数据对象的分组绑定。在分组绑定显示时,group by 后直接指定分组的对象属性名,本示例为 grader 属性名,在分组绑定对象数据后,最终显示的页面效果,如图 2-15 所示。

2.5　本章小结

　　本章首先从最基础的 AngularJS 表达式讲起,并由表达式的使用过渡到 AngularJS 控制器的构建,通过一个个精心设计的简单示例,详细介绍了控制器的定义和属性、方法的添加。然后,通过控制器的构建引入了 AngularJS 中的模板概念,通过一个个示例,由浅入深地带领读者逐一掌握构建模板内容、复制元素、添加样式、控制元素显示与隐藏状态的方法。最后,介绍了模块中最为重要的表单控件,包括控件的基础验证功能和表单中各类重要控件的完整使用方法。

　　本章内容旨在使读者初步掌握构建一个简单 AngularJS 应用的基本步骤,同时,也为后面的进一步学习打下扎实的实践基础。

第 **3** 章

AngularJS的过滤器和作用域

本章学习目标
- 掌握模板中各类过滤器的定义和使用方法；
- 理解 AngularJS 中作用域基础和层级的概念；
- 掌握作用域在事件中传播的应用方式。

3.1　模板中的过滤器

过滤器的主要功能是格式化数据，这里所说的数据，既包括视图模板中的表达式，也包括控制器中的数组或对象。开发人员不仅可以方便地调用 AngularJS 中提供的过滤器，还可以自定义属于自己的过滤器。下面通过一个个实用的案例，介绍过滤器的强大功能。

3.1.1　排序方式过滤

在介绍排序（orderBy）过滤器之前，先来了解一下过滤器的使用格式。在 AngularJS 中，过滤器有三种调用方式，分别为单个过滤器、多个过滤器和带参数的过滤器。它们分别对应不同的使用格式，下面分别进行介绍。

1. 单个过滤器
单个过滤器常用于视图模板的表达中，它的使用格式非常简单，调用格式如下所示。

```
{{表达式 | 过滤器名}}
```

在上述代码中，"{{}}"双大括号为表达式标记，在括号中，"|"为管道符，通过该符号分成前后两部分，前部分为需要被格式化的表达式，后部分为过滤器的名称，示例代码如下。

```
{{8.88 | currency}}
```

代码执行后的结果为＄8.88,即在表达式前添加了一个"＄"符号。在上述代码中,数值8.88为表达式,而currency则为货币过滤器。

2．多个过滤器

在视图模板的表达式中,除使用单个过滤器之外,还可以同时调用多个过滤器,格式如下。

```
{{表达式｜过滤器名1｜过滤器名2｜...}}
```

在上述代码中,多个过滤器名使用管道符"｜"隔开,其他内容与单个过滤器的使用相同。

3．带参数的过滤器

当然,无论是单个过滤器还是多个过滤器,它们都可以在调用时带参数,调用格式如下。

```
{{表达式｜过滤器名1：参数1：参数2：...}}
```

在上述代码中,过滤器的参数跟随在过滤器名称的后面,通过":"来进行识别,多个参数之间使用":"进行隔开,多个过滤器同样可以带多个参数,各自用":"分开,示例代码如下。

```
{{8.8800｜number:1}}
```

代码执行后的结果为8.9,虽然表达式值中有4位小数,但由于number过滤器中小数位的参数值为1,因此,在显示时只能保留一位。在保留时,按四舍五入的方式进行取舍,最终数值8.8800经过过滤器格式化后变成8.9。

在介绍完过滤器的多个调用格式之后,接下来详细说明排序过滤器的用法。该过滤器的功能是按照指定的一个或多个对象属性名称进行数据过滤。通过排序过滤器,不仅可以获取按照指定属性名称排序后的数据,还能通过过滤器设置数据返回时的记录总数量。

接下来通过一个完整的示例演示排序过滤器使用的过程。

示例 3-1　排序(orderBy)方式过滤

(1)功能说明。

在页面的视图模板中,调用排序过滤器,将显示的数据按score属性值降序进行排列,并且只显示前3条数据记录。

(2)实现代码。

在WebStorm开发工具中,新建一个HTML文件3-1.html,加入如代码清单3-1所示的代码。

代码清单 3-1　排序(orderBy)方式过滤

```
<!doctype html>
<html ng-app="a3_1">
<head>
```

```html
        <title>排序(orderBy)方式过滤</title>
        <script src = "Script/angular.min.js"
                type = "text/javascript"></script>
        <style type = "text/css">
            body {
                font - size: 12px;
            }
            ul {
                list - style - type: none;
                width: 408px;
                margin: 0px;
                padding: 0px;
            }
                ul li {
                    float: left;
                    padding: 5px 0px;
                }
                ul .odd {
                    color: #0026ff;
                }
                ul .even {
                    color: #ff0000;
                }
                ul .bold {
                    font - weight: bold;
                }
                ul li span {
                    width: 52px;
                    float: left;
                    padding: 0px 10px;
                }
                ul .focus {
                    background - color: #cccccc;
                }
        </style>
    </head>
    <body>
        <div ng - controller = "c3_1">
            <ul>
                <li ng - class = "{{bold}}">
                    <span>序号</span>
                    <span>姓名</span>
                    <span>性别</span>
                    <span>年龄</span>
                    <span>分数</span>
                </li>
                <li ng - repeat = " stu in data |
                    orderBy: ' - score'|
                    limitTo: 3"
```

```
                        ng - class - odd = "'odd'"
                        ng - class - even = "'even'">
                        < span >{{ $ index + 1}}</span >
                        < span >{{stu. name}}</span >
                        < span >{{stu. sex}}</span >
                        < span >{{stu. age}}</span >
                        < span >{{stu. score}}</span >
                </li >
            </ul >
        </div >
        < script type = "text/javascript">
        var a3_1 = angular.module('a3_1', []);
        a3_1.controller('c3_1', [' $ scope', function ( $ scope) {
                $ scope. bold = "bold";
                $ scope. data = [
                { name: "张明明", sex: "女", age: 24, score: 95 },
                { name: "李清思", sex: "女", age: 27, score: 87 },
                { name: "刘小华", sex: "男", age: 28, score: 86 },
                { name: "陈忠忠", sex: "男", age: 23, score: 97 }
                ];
            }]);
        </script >
    </body >
    </html >
```

（3）页面效果。

执行的效果如图 3-1 所示。

图 3-1 排序（orderBy）方式过滤

（4）代码分析。

在本示例的代码中，当视图中的模板通过 ng-repeat 指令绑定控制器中的数据时，调用了 orderBy 过滤器，代码如下所示。

```
stu in data │ orderBy: ' - score'│ limitTo: 3
```

在上述代码中,第一个管道符"|"的左侧为控制器中的数组 data,右侧为过滤器的名称 orderBy,表示排序过滤器,紧接着的":"冒号右侧为该过滤器调用时的参数,-score 为排序时指定的属性名称,即按该属性名排序,默认时为升序,在属性名前添加"-"符号后,则变为降序。

第二个管道符"|"的右侧为过滤器的名称 limitTo,用于设置数据显示时的记录总量,具体的总量值通过":"冒号后的参数值来指定,本示例为 3,表示只显示 3 条记录。

3.1.2 匹配方式过滤

与排序方式不同,匹配(filter)方式是将字符参数与列表中的各个成员属性值相匹配,如果包含该字符的参数值,则显示该条列表记录,匹配时,不区分字符的大小写。匹配的方式有下列几种。

1. 通过 filter 过滤器直接匹配包含字符参数的数据

这种方式只需要在调用 filter 过滤器时,添加一个需要匹配的字符参数,调用格式如下。

```
{{数据 | filter: '匹配字符'}}
```

在上述调用格式代码中,匹配字符是过滤器 filter 的参数,一旦添加该参数,将在整个数据的属性中查找匹配项,找到后则显示,否则不显示,字符内容必须加引号,如下面代码所示。

```
{{data | filter: '80'}}
```

上述代码表示,在 data 数据的各个属性中,查找包含"80"内容的记录。

2. 在字符参数中使用对象形式匹配指定属性的数据

如果在过滤数据时已经明确了数据匹配的属性范围,也可以在字符参数中通过对象的形式指定匹配的属性名称,调用格式如下。

```
{{数据 | filter: 对象}}
```

在上述调用格式的对象中,过滤器参数是一个对象,通过 key/value 方式声明属性名称和匹配的字符内容。如果属性名称为"$",则表示全部属性中查找,代码如下。

```
{{data | filter: {score: 80}}}
```

和

```
{{data | filter: { $ : 80}}}
```

在上述代码中,前者仅是在 score 属性列中匹配值为 80 的数据记录;后者则是在全部属性列中匹配数据记录,相当于下列代码。

```
{{data | filter: 80}}
```

3. 在字符参数中使用自定义函数匹配相应数据

在 filter 过滤器的字符参数中,除使用对象外,还可以直接调用自定义的函数名,处理相对复杂的数据匹配情况,调用格式如下。

```
{{数据 | filter: 函数名称}}
```

在上述调用格式中,过滤器的参数为函数名称,即自定义的匹配数据的函数名。

接下来通过一个完整的示例介绍在 filter 过滤器的形参中,使用自定义函数来匹配数据的过程。

示例 3-2　匹配(filter)方式过滤

(1) 功能说明。

在示例 3-1 的基础上,调用匹配过滤器,查询 score 属性值大于 85 且小于 90 的数据记录,并将数据显示在视图模板中。

(2) 实现代码。

在 WebStorm 开发工具中,新建一个 HTML 文件 3-2.html,加入如代码清单 3-2 所示的代码。

代码清单 3-2　匹配(filter)方式过滤

```html
<!doctype html >
< html ng - app = "a3_2">
< head >
    < title >匹配(filter)方式过滤</title>
    < script src = "Script/angular.min.js"
            type = "text/javascript"></script>
    < style type = "text/css">
        body {
            font - size: 12px;
        }
        ul {
            list - style - type: none;
            width: 408px;
            margin: 0px;
            padding: 0px;
        }
        ul li {
            float: left;
            padding: 5px 0px;
        }
        ul .odd {
            color: #0026ff;
        }
```

```
            ul .even {
                color: #ff0000;
            }
            ul .bold {
                font - weight: bold;
            }
            ul li span {
                width: 52px;
                float: left;
                padding: 0px 10px;
            }
            ul .focus {
                background - color: #cccccc;
            }
        </style>
</head>
<body>
    <div ng - controller = "c3_2">
        <ul>
            <li ng - class = "{{bold}}">
                <span>序号</span>
                <span>姓名</span>
                <span>性别</span>
                <span>年龄</span>
                <span>分数</span>
            </li>
            <li ng - repeat = " stu in data |
                filter:findscore"
                ng - class - odd = "'odd'"
                ng - class - even = "'even'">
                <span>{{ $index + 1}}</span>
                <span>{{stu.name}}</span>
                <span>{{stu.sex}}</span>
                <span>{{stu.age}}</span>
                <span>{{stu.score}}</span>
            </li>
        </ul>
    </div>
    <script type = "text/javascript">
    var a3_2 = angular.module('a3_2', []);
        a3_2.controller('c3_2', ['$scope', function ($scope) {
            $scope.bold = "bold";
            $scope.data = [
            { name: "张明明", sex: "女", age: 24, score: 95 },
            { name: "李清思", sex: "女", age: 27, score: 87 },
            { name: "刘小华", sex: "男", age: 28, score: 86 },
            { name: "陈忠忠", sex: "男", age: 23, score: 97 }
            ];
            $scope.findscore = function (e) {
```

```
                    return e.score > 85 && e.score < 90;
                }
            }]);
        </script>
    </body>
</html>
```

（3）页面效果。

执行的效果如图 3-2 所示。

图 3-2　匹配（filter）方式过滤

（4）代码分析。

在本示例的代码中，为了查找"分数"在 85～90 分的数据，在控制器代码中，先添加了一个名为 findscore 的自定义函数，并在添加函数时定义一个名为 e 的形参，该形参的值为数据源对象；然后根据这个数据源对象中的 score 属性值，通过逻辑运算符返回"分数"在85～90 分的记录数据。

最后，在本示例中的视图模板中，当通过 filter 过滤器匹配数据时，直接将 findscore 函数名作为过滤器的参数，此时，data 对象已作为实参自动传递给 findscore 函数的形参"e"，函数接收后，根据 data 对象中的 score 属性值，将"分数"在 85～90 分的数据显示在视图模板中。完整实现过程见本示例的代码所示。

3.1.3　自定义过滤器

除调用 AngularJS 中自带的过滤器外，还可以自己定义过滤器。定义过滤器的方法很简单，只需要在页面模块中注册一个过滤器的构造方法。该方法将返回一个以输入值为首个参数的函数，在函数体中实现过滤器的功能。

接下来通过一个完整的示例演示自定义过滤器的过程。

示例 3-3　自定义过滤器

（1）功能说明。

在示例 3-1 的基础上，调用自定义的过滤器，查询 age 属性值大于 22 且小于 28 的可选性别的数据记录,并将数据显示在视图模板中。

(2)实现代码。

在 WebStorm 开发工具中,新建一个 HTML 文件 3-3. html,加入如代码清单 3-3 所示的代码。

代码清单 3-3　自定义过滤器

```html
<!doctype html>
<html ng-app="a3_3">
<head>
    <title>自定义过滤器</title>
    <script src="Script/angular.min.js"
            type="text/javascript"></script>
    <style type="text/css">
        body {
            font-size: 12px;
        }
        ul {
            list-style-type: none;
            width: 408px;
            margin: 0px;
            padding: 0px;
        }
        ul li {
            float: left;
            padding: 5px 0px;
        }
        ul .odd {
            color: #0026ff;
        }
        ul .even {
            color: #ff0000;
        }
        ul .bold {
            font-weight: bold;
        }
        ul li span {
            width: 52px;
            float: left;
            padding: 0px 10px;
        }
        ul .focus {
            background-color: #cccccc;
        }
    </style>
</head>
<body>
    <div ng-controller="c3_3">
        <ul>
```

```
            < li ng - class = "{{bold}}">
                < span >序号</span >
                < span >姓名</span >
                < span >性别</span >
                < span >年龄</span >
                < span >分数</span >
            </li >
            < li ng - repeat = " stu in data | young:0"
                ng - class - odd = "'odd'"
                ng - class - even = "'even'">
                < span >{{ $ index + 1}}</span >
                < span >{{stu. name}}</span >
                < span >{{stu. sex}}</span >
                < span >{{stu. age}}</span >
                < span >{{stu. score}}</span >
            </li >
        </ul >
    </div >
    < script type = "text/javascript">
    var a3_3 = angular.module('a3_3', [ ]);
        a3_3. controller('c3_3', [' $ scope', function ( $ scope) {
            $ scope. bold = "bold";
            $ scope. data = [
            { name: "张明明", sex: "女", age: 24, score: 95 },
            { name: "李清思", sex: "女", age: 27, score: 87 },
            { name: "刘小华", sex: "男", age: 28, score: 86 },
            { name: "陈忠忠", sex: "男", age: 23, score: 97 }
            ];
        }]);
        a3_3. filter('young', function () {
            return function (e, type) {
                var _out = [ ];
                var _sex = type ? "男" : "女";
                for (var i = 0; i < e. length; i++) {
                    if (e[ i]. age > 22 &&
                        e[ i]. age < 28 &&
                        e[ i]. sex == _sex)
                        _out. push(e[ i]);
                }
                return _out;
            }
        });
    </script >
</body >
</html >
```

(3) 页面效果。

执行的效果如图 3-3 所示。

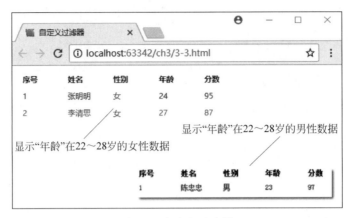

图 3-3　自定义过滤器

（4）代码分析。

在本示例的控制器代码中，为了实现开发需求，先通过页面模块 a3_3 调用 filter()方法创建一个名称为 young 的自定义过滤器。该过滤器将通过 return 语句返回一个函数，而在函数体中，通过代码编写，实现对应需求的功能开发，接下来重点分析这个返回的函数。

首先，在这个函数中，定义了两个形参 e 和 type，e 参数在调用过滤器时，将会被需要过滤的数据自动注入。关于自动注入的概念，将会在后续的第 4 章中进行详细介绍；type 参数将会在调用过滤器时，通过":"冒号形式向过滤器传递实参。

其次，在函数体中，由于本示例过滤的数据是一个数组，因此，首先定义一个名为_out 的空数组，并将传来的 type 性别类型参数进行字符转换，保存在变量_sex 中；然后，对自动注入的 e 数组中的数据进行遍历，在遍历过程中，检测各项元素的"年龄"属性值是否为"22～28"，并且"性别"属性值是否与变量_sex 相符。如果这两项条件都满足，则将该项数组元素添加至空数组_out 中，其核心代码如下所示。

```
...省略部分代码
var _out = [];
var _sex = type ? "男" : "女";
for (var i = 0; i < e.length; i++) {
    if (e[i].age > 22 && e[i].age < 28 && e[i].sex == _sex)
        _out.push(e[i]);
}
...省略部分代码
```

最后，在函数体结束时，通过调用 return 语句，将包含符合过滤条件数据的数组_out 返回给自定义过滤器 young，当在视图模板中调用过滤器 young 时，将执行返回函数体中代码，并返回符合条件的数据，最终实现根据需求过滤数据的功能。

3.2　过滤器的应用

在 3.1 节介绍完过滤器在视图模板中的基本用法后，考虑到它在 AngularJS 中格式化数据的重要性,在本节中再分别介绍两个使用过滤器功能的应用——表头排序和字符查找,进一步巩固 3.1 节中所学的过滤器基础知识,掌握过滤器在应用开发中的运用方法。

3.2.1 表头排序

表头排序是指在使用列表方式显示数据时,如果用户单击列表中某列的表头元素,那么,列表中的全部数据将会自动按该列的属性值自动排序,默认为升序排列,再次单击该列表头元素时,则又变为降序排序。通过这种方式显示数据,可以快速定位所关注列中某项数据,给用户查找数据带来方便。

接下来将使用 AngularJS 中的过滤器,通过少量简洁的代码,实现表头排序的功能。

示例 3-4 表头排序

(1)功能说明。

在以列表方式显示数据的页面中,当用户单击某项列表头元素时,列表中的数据将会自动根据该项列表的属性值按升序排列,再次单击时,将自动按降序排列。

(2)实现代码。

在 WebStorm 开发工具中,新建一个 HTML 文件 3-4.html,加入如代码清单 3-4 所示的代码。

代码清单 3-4 表头排序

```
<!doctype html>
<html ng-app="a3_4">
<head>
    <title>表头排序</title>
    <script src="Script/angular.min.js"
            type="text/javascript"></script>
    <style type="text/css">
        body {
            font-size: 12px;
        }
        ul {
            list-style-type: none;
            width: 408px;
            margin: 0px;
            padding: 0px;
        }
        ul li {
            float: left;
            padding: 5px 0px;
        }
        ul .bold {
            font-weight: bold;
            cursor: pointer;
        }
        ul li span {
```

```
                  width: 52px;
                  float: left;
                  padding: 0px 10px;
              }
          ul .focus {
              background-color: #cccccc;
          }
      </style>
</head>
<body>
    <div ng-controller = "c3_4">
        <ul>
            <li ng-class = "{{bold}}">
                <span>序号</span>
                <span ng-click = "title = 'name';desc = !desc">
                    姓名
                </span>
                <span ng-click = "title = 'sex';desc = !desc">
                    性别
                </span>
                <span ng-click = "title = 'age';desc = !desc">
                    年龄
                </span>
                <span ng-click = "title = 'score';desc = !desc">
                    分数
                </span>
            </li>
            <li ng-repeat = " stu in data |
                orderBy : title : desc">
                <span>{{ $index + 1}}</span>
                <span>{{stu.name}}</span>
                <span>{{stu.sex}}</span>
                <span>{{stu.age}}</span>
                <span>{{stu.score}}</span>
            </li>
        </ul>
    </div>
    <script type = "text/javascript">
    var a3_4 = angular.module('a3_4', []);
        a3_4.controller('c3_4', ['$scope', function ($scope) {
            $scope.bold = "bold";
            $scope.title = 'name';
            $scope.desc = 0;
            $scope.data = [
            { name: "张明明", sex: "女", age: 24, score: 95 },
            { name: "李清思", sex: "女", age: 27, score: 87 },
            { name: "刘小华", sex: "男", age: 28, score: 86 },
            { name: "陈忠忠", sex: "男", age: 23, score: 97 }
            ];
```

```
            }])
    </script>
</body>
</html>
```

（3）页面效果。

执行的效果如图 3-4 所示。

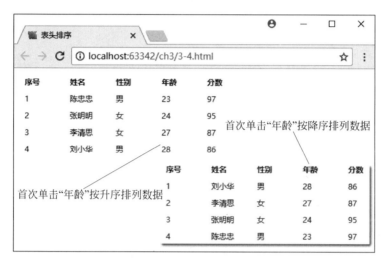

图 3-4　表头排序

（4）代码分析。

在本示例的代码中，为了实现单击表头排序的功能，首先，向页面控制器代码中添加 title 和 desc 两个属性，分别用于绑定排序时的属性名称和排序方向，并赋予初始值 name 和 0，表示数据初始化时按"姓名"属性的升序排列，实现代码如下。

```
...省略部分代码
$ scope.title = 'name';
$ scope.desc = 0;
...省略部分代码
```

然后，在页面的视图模板中，当通过 ng-repeat 指令复制并显示数据时，调用了 orderBy 过滤器，并带有两个参数，第一个":"冒号后的参数指定排序的属性名，第二个":"冒号后的参数指定排序时的方向，该参数默认或省略时为升序，1 为降序，0 为升序。由于 title 和 desc 属性的初始值分别为 name 和 0，因此，在页面初始化数据时，将按"姓名"属性的升序排列。

最后，在各个表头元素的单击（ng-click）事件中，分别对 title 和 desc 属性值进行重置。由于这两个值与 orderBy 过滤器的两个参数绑定，因此，当这两个值发生变化时，会自动改变数据显示时的排序属性名称和方向，最终实现按单击表头的属性排序功能。

3.2.2　字符查找

在介绍完运用 orderBy 过滤器实现表头排序功能之后,再来介绍调用 filter 过滤器实现字符查找的功能。在实现过程中,将调用 AngularJS 中的 filter 过滤器,查找与过滤器“:”冒号后字符参数相匹配的数据。如果匹配则显示对应记录,否则不显示任何数据。

接下来通过一个完整的示例介绍调用 filte 过滤器实现字符查找功能的过程。

示例 3-5　字符查找

(1) 功能说明。

在页面的文本框中输入任意字符内容后,将根据输入的内容,在列表的“姓名”属性值中查找相匹配的数据,并将匹配的数据记录显示在页面的列表中。

(2) 实现代码。

在 WebStorm 开发工具中,新建一个 HTML 文件 3-5. html,加入如代码清单 3-5 所示的代码。

代码清单 3-5　字符查找

```
<!doctype html>
<html ng-app="a3_5">
<head>
    <title>字符查找</title>
    <script src="Script/angular.min.js"
            type="text/javascript"></script>
    <style type="text/css">
        body {
            font-size: 12px;
        }
        ul {
            list-style-type: none;
            width: 408px;
            margin: 0px;
            padding: 0px;
        }
        ul li {
            float: left;
            padding: 5px 0px;
        }
        ul .bold {
            font-weight: bold;
            cursor: pointer;
        }
        ul li span {
            width: 52px;
            float: left;
            padding: 0px 10px;
```

```
                    }
                ul .focus {
                    background - color: ♯cccccc;
                    }
            </style>
    </head>
    <body>
        <div ng - controller = "c3_5">
            div
                <input id = "txtkey"
                        type = "text"
                        ng - model = key
                        placeholder = "请输入姓名关键字" />
            </div>
            <ul>
                <li ng - class = "{{bold}}">
                    <span>序号</span>
                    <span>姓名</span>
                    <span>性别</span>
                    <span>年龄</span>
                    <span>分数</span>
                </li>
                <li ng - repeat = " stu in data |
                    filter : {name:key}">
                    <span>{{ $ index + 1}}</span>
                    <span>{{stu. name}}</span>
                    <span>{{stu. sex}}</span>
                    <span>{{stu. age}}</span>
                    <span>{{stu. score}}</span>
                </li>
            </ul>
        </div>
        <script type = "text/javascript">
        var a3_5 = angular.module('a3_5', []);
            a3_5. controller('c3_5', ['$ scope', function ( $ scope) {
                $ scope.bold = "bold";
                $ scope.key = '';
                $ scope.data = [
                { name: "张明明", sex: "女", age: 24, score: 95 },
                { name: "李清思", sex: "女", age: 27, score: 87 },
                { name: "刘小华", sex: "男", age: 28, score: 86 },
                { name: "陈忠忠", sex: "男", age: 23, score: 97 }
                ];
            }])
        </script>
    </body>
</html>
```

（3）页面效果。

执行的效果如图 3-5 所示。

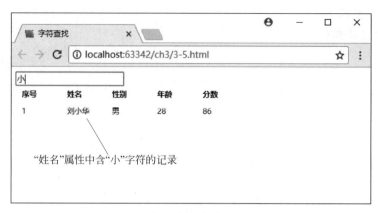

图 3-5　字符查找

（4）代码分析。

在本示例的代码中，为了实现列表中的数据能根据文本框中输入的字符内容自动进行过滤的功能，首先，在页面的控制器代码中添加一个名为 key 的属性，用于保存用户在文本框中输入的字符内容，该属性初始化时为空值。

然后，通过 ng-repeat 指令显示数据时，调用 AngularJS 中的 filter 过滤器，并添加一个对象性字符参数，指定在数据对象的 name 属性中查找 key 值，即在"姓名"属性中查找文本框中输入的字符内容。如果找到，则显示在列表中，否则不显示任何数据。

最后，在页面的视图模板中，通过 ng-model 指令双向绑定控制器中的 key 属性，由于是双向绑定，因此，当用户在文本框中输入任意字符时，属性 key 的值将自动同步更新。由于该属性值又绑定了 filter 过滤器的参数，因此，列表中显示的数据也将自动更新，从而最终实现根据用户输入的内容，在列表的"姓名"属性值中查找并显示数据的功能。

3.3　作用域概述

在之前的章节中曾经介绍过 $scope 对象，确切来说，它的实质是一个作用域对象。从对这个对象的使用过程中，发现作用域能存储数据模型、为表达式提供上下文环境和监听表达式的变化并且传播事件，它是页面视图与控制器之间的重要桥梁，也是掌握 AngularJS 必须知道的基础概念。接下来详细介绍作用域的基础功能及其在 DOM 中的使用过程。

3.3.1　作用域的特点

具体来说，作用域包括下列三个比较显著的特点。

- 它提供了一个 $watch() 方法来监听数据模型的变化。之所以能使用 ng-model 指令实现数据的双向绑定，就是因为通过调用该方法进行数据模型的监听，只要有一端发生变化，另外绑定的一端将会自动进行数据同步。
- 它提供另外一个 $apply() 方法，为各种类型的数据模型改变提供支撑。将它们引入到 AngularJS 可控制的范围中，最典型的就是控制器。例如，通过页面视图模板中的 ng-click 指令,执行控制器中的代码。

- 它为表达式提供了执行的环境。一个表达式必须在拥有该表达式属性的作用域中执行才更加合适。作用域通过提供 $scope 对象,使所有的表达式都拥有对应的执行环境,也就是执行的上下文对象。

接下来通过一个完整的示例介绍作用域下调用 $watch()方法监听数据模块的变化。

示例 3-6　$watch()方法的使用

(1) 功能说明。

当在页面的文本框中输入任意"姓名"字符时,另一个 div 元素中将显示输入框中字符变化的累计次数。

(2) 实现代码。

在 WebStorm 开发工具中,新建一个 HTML 文件 3-6. html,加入如代码清单 3-6 所示的代码。

代码清单 3-6　$watch()方法的使用

```html
<!doctype html>
<html ng-app="a3_6">
<head>
    <title>$watch()方法的使用</title>
    <script src="Script/angular.min.js"
        type="text/javascript"></script>
    <style type="text/css">
        body {
            font-size: 12px;
        }
        div {
            margin: 8px 0px;
        }
    </style>
</head>
<body>
    <div ng-controller="c3_6">
        div
            <input type="text"
                    ng-model=name
                    placeholder="请输入姓名" />
        </div>
        div 累计变化次数: {{count}}</div>
    </div>
    <script type="text/javascript">
    var a3_6 = angular.module('a3_6', []);
        a3_6.controller('c3_6', ['$scope', function ($scope) {
            $scope.count = 0;
            $scope.name = '';
            $scope.$watch('name', function () {
```

```
                    $ scope.count++;
                })
            }])
        </script>
    </body>
</html>
```

（3）页面效果。

执行的效果如图 3-6 所示。

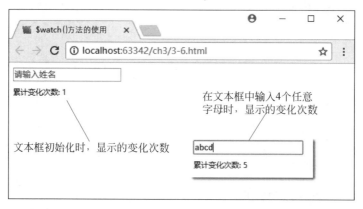

图 3-6　$ watch()方法的使用

（4）代码分析。

在本示例的代码中，当在页面的控制器中编写代码时，先定义两个 $ scope 对象的属性 name 和 count，前者用于使用 ng-model 指令绑定文本框中的内容，后者用于记录文本框中字符内容变化的累计次数。

然后，使用作用域中的 $ watch()方法对 $ scope 中的 name 属性进行监视，当该属性值发生变化时，将 $ scope 中的 count 属性值累加 1，所以，只要在文本输入框中做任何一次修改，都会通过 count 属性值反馈至页面中。

之所以可以通过 $ watch()方法监控模型数据发生的功能，主要是因为在 AngularJS 的内部，每当对已绑定 ng-mode 指令的 name 属性进行修改时，其内部的 $ digest()方法就会自动运行一次，检测已绑定的 name 属性是否与上一次 $ digest()方法运行时获取的内容一致。如果不一致，则执行 $ watch()方法绑定的处理函数，即将 count 属性值累加 1。

3.3.2　作为数据模型的作用域

在之前的章节中曾介绍过，作用域是控制器与视图的桥梁，其实，不仅如此，它也是视图和指令的桥梁。因为在自定义指令时，会调用 $ watch()方法监听各个表达式的变化，一旦作用域中的表达式发生了变化，$ watch()方法将通知指令，而指令将根据这个变化重新渲染 DOM 页面，即更新作用域中的属性值内容。

无论是指令，还是控制器，它们都可以通过作用域与视图中的 DOM 相绑定，由此，诞生了两个数据关系链，一条是指令——>作用域——>视图，另一条是控制器——>作用域——>

视图,且这两条关系链之间还是相互独立的。

接下来再通过一个简单的示例介绍控制器借助作用域控制视图中元素的显示内容。

示例 3-7　作为数据模型的作用域

(1) 功能说明。

当在页面的文本框中输入内容时,div 元素通过双大括号绑定的方式自动同步该内容,并将它显示在 div 元素中。

(2) 实现代码。

在 WebStorm 开发工具中,新建一个 HTML 文件 3-7. html,加入如代码清单 3-7 所示的代码。

代码清单 3-7　作为数据模型的作用域

```html
<!doctype html>
<html ng-app="a3_7">
<head>
    <title>作为数据模型的作用域</title>
    <script src="Script/angular.min.js"
            type="text/javascript"></script>
    <style type="text/css">
        body {
            font-size: 12px;
        }
        div {
            margin: 8px 0px;
        }
    </style>
</head>
<body>
    <div ng-controller="c3_7">
        div
            <input type="text"
                ng-model=name
                placeholder="请输入姓名" />
        </div>
        div{{name}}</div>
    </div>
    <script type="text/javascript">
    var a3_7 = angular.module('a3_7', []);
        a3_7.controller('c3_7', ['$scope', function ($scope) {
            $scope.name = '';
        }])
    </script>
</body>
</html>
```

（3）页面效果。

执行的效果如图 3-7 所示。

图 3-7　作为数据模型的作用域

（4）代码分析。

在本示例的代码中，先通过页面模块定义一个名为 c3_7 的控制器，在控制器中引用 $scope 对象注册一个名为 name 的属性，而 $scope 对象则通过注册的属性，控制了页面所需的数据模型，视图模板则通过双向绑定的方式传递并显示数据模型中的属性值。

下面分别从控制器和视图这两个角度分析这个示例的具体流程。

从控制器的角度来说，首先，通过 $scope 对象给 name 属性赋初始值，然后，通过 $watch() 方法通知视图中的文本框元素数据已发生了变化，而文本框元素使用 ng-model 指令实现了数据的双向绑定，因此，它可以获悉该变化，并将自动同步变化后的 name 属性值，且将该值渲染至文本框中。

从视图的角度来说，由于文本框通过 ng-model 指令进行了数据的双向绑定，因此，首先通过 $scope 对象获取控制器中 name 属性值，然后，如果用户在文本框中输入了新的内容，则会自动将该内容传递给控制器中的 name 属性，保持两端的数据同步。

此外，在 div 元素中使用双大括号的方式绑定 name 属性，该方式分为取值和计算两个阶段。在取值时，双大括号中的表达式将会根据 $scope 对象寻找所属的控制器，并在控制器中找到添加的 name 属性；取值后，在控制器中进行计算，并将结果返给 $scope 对象，视图模板中通过 $scope 获取最终值并进行渲染，最终显示在页面的 div 元素中。

3.4　作用域的层级和事件

与页面中 DOM 相类似，作用域在绑定页面元素后，便依据元素的层次关系形成了自身的层级关系，而在这些层级关系中，它们还可以通过事件的传播进行数据的通信，只是这种通过事件的数据通信应用的场景非常有限，仅限于父和子级之间的作用域，接下来逐一进行分析。

3.4.1　作用域的层级

与 DOM 的树状结构类似,作用域也拥有自己的层级,并且与 DOM 的树状结构相辅相成。它的顶级作用域只有一个,而下面的子级作用域可以创建多个,子级作用域可以继承父级作用域中的全部属性和方法,但同级别子级作用域之间却不可以互相访问各自的属性和方法。

接下来通过一个完整的示例详细介绍作用域的层级关系。

示例 3-8　作用域的层级

(1) 功能说明。

以列表的方式分组显示一个学校的两个班级学生信息,两个班级各为一个作用域,而学校则为顶级作用域,两个班级的作用域可以访问顶级作用域中的全部属性。

(2) 实现代码。

在 WebStorm 开发工具中,新建一个 HTML 文件 3-8.html,加入如代码清单 3-8 所示的代码。

代码清单 3-8　作用域的层级

```
<!doctype html >
< html ng - app = "a3_8">
< head >
    <title>作用域的层级</title>
    < script src = "Script/angular.min.js"
            type = "text/javascript"></script>
    < style type = "text/css">
        body {
            font - size: 12px;
        }
        ul {
            list - style - type: none;
            width: 408px;
            margin: 10px 0px;
            padding: 0px;
        }
        ul .ng - scope {
            background - color: # eee;
        }
        ul li {
            float: left;
            padding: 5px 0px;
        }
        ul .bold {
            font - weight: bold;
        }
        ul .school {
            float: right;
            margin - right: 80px;
```

```
                }
                ul li span {
                    width: 52px;
                    float: left;
                    padding: 0px 10px;
                }
        </style>
</head>
<body>
    <div ng-controller="c3_8_school">
        <ul ng-controller="c3_8_class_1">
            <li ng-class="{{school}}">
                {{s_name}}{{c_name}}
            </li>
            <li ng-class="{{bold}}">
                <span>序号</span>
                <span>姓名</span>
                <span>性别</span>
                <span>英语</span>
                <span>数学</span>
            </li>
            <li ng-repeat="stu in data">
                <span>{{ $index + 1}}</span>
                <span>{{stu.name}}</span>
                <span>{{stu.sex}}</span>
                <span>{{stu.english}}</span>
                <span>{{stu.maths}}</span>
            </li>
        </ul>
        <ul ng-controller="c3_8_class_2">
            <li ng-class="{{school}}">
                {{s_name}}{{c_name}}
            </li>
            <li ng-class="{{bold}}">
                <span>序号</span>
                <span>姓名</span>
                <span>性别</span>
                <span>英语</span>
                <span>数学</span>
            </li>
            <li ng-repeat="stu in data">
                <span>{{ $index + 1}}</span>
                <span>{{stu.name}}</span>
                <span>{{stu.sex}}</span>
                <span>{{stu.english}}</span>
                <span>{{stu.maths}}</span>
            </li>
        </ul>
    </div>
```

```
    < script type = "text/javascript">
    var a3_8 = angular.module('a3_8', []);
    a3_8.controller('c3_8_school', ['$ scope',
        function ($ scope) {
            $ scope.s_name = "北城区试验小学";
            $ scope.bold = "bold"
            $ scope.school = "school"
        }]);
    a3_8.controller('c3_8_class_1', ['$ scope',
        function ($ scope) {
            $ scope.c_name = "三年级(1)班";
            $ scope.data = [
            { name: "张明明", sex: "女",
              english: 85, maths: 95 },
            { name: "李清思", sex: "女",
                english: 97, maths: 87 }
            ];
        }]);
    a3_8.controller('c3_8_class_2', ['$ scope',
        function ($ scope) {
            $ scope.c_name = "三年级(2)班";
            $ scope.data = [
            { name: "刘小华", sex: "男",
                english: 97, maths: 86 },
            { name: "陈忠忠", sex: "男",
                english: 87, maths: 88 }
            ];
        }]);
    </script>
</body>
</html>
```

（3）页面效果。

执行的效果如图 3-8 所示。

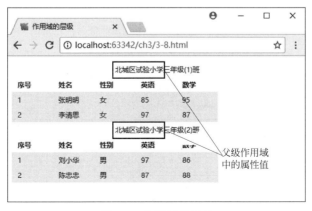

图 3-8　作用域的层级

（4）代码分析。

在本示例代码的控制器中，分别定义了三个控制器函数 c3_8_school、c3_8_class_1 和 c3_8_class_2，而在页面中通过向元素属性添加 ng-controller 指令来绑定这些函数。根据这些添加指令元素的 DOM 层次关系，便形成了作用域的层级关系。

在本示例作用域的层次关系中，c3_8_school 控制器属于父级，其余两个控制器属于子级，隶属于父级，因此，它们可以直接继承父级作用域中通过 $scope 对象添加的属性或方法，即 s_name、bold、school 属性。如果在父作用域中又通过 $rootScope 对象添加了属性或方法，那么子级作用域将首先访问 $scope 对象，然后再访问 $rootScope 对象。

在子级作用域的视图模板中，当页面读取 s_name 属性值时，首先，它在取值阶段将在元素本身所属的作用域中寻找是否存在该属性，如果不存在，则继续向上级作用域中查找，如果都没有找到，则直接在顶级的 $rootScope 对象中查找，确定属性的作用域之后，再进入计算值阶段，计算后，直接将获取的值渲染在页面的元素中。

需要说明的是，每个作用域都会自动添加一个类别名为 ng-scope 的 CSS 样式，因此，可以通过修改该样式来显示各作用域所控制的范围区域。

3.4.2　作用域事件的传播

通过 3.4.1 节的介绍可知，在 AngularJS 中，作用域间有非常清晰的层次结构关系，类似于 DOM 的树状图形，最顶层的就是 rootscope 作用域，其余的都是在它基础之上进行分支和嵌套的。在这样一种关系下的作用域，它们之间的数据通信变得相对复杂，概括而言，有下列两种方式可以实现作用域的通信。

1. 服务

通过在作用域间创建一个单例的服务（service），由该服务处理各个作用域间的数据通信，这种方式在后续章节中介绍服务概念时，将进行详细的介绍。

2. 事件

除使用服务外，还可以通过作用域间的事件（event）进行数据通信。而要使用事件，则必须调用 AngularJS 中提供的两个方法 $broadcasted() 和 $emitted()，方法 $broadcasted() 的功能是将事件从父级作用域传播至子级作用域，它的调用格式如下。

```
$broadcast(eventname, data)
```

其中，参数 eventname 为定义的事件名称，data 为事件传播过程中携带的数据信息。

方法 $emitted() 的功能是将事件从子级作用域传播至父级作用域，它的调用格式如下。

```
$emitted(eventname, data)
```

各参数的功能与 $broadcasted() 相同，在此不再赘述。

除这两个传播事件的方法外，还需要通过调用 $on() 方法在作用域中监控传播来的事件并获取相应的数据，它的调用格式如下。

```
$ on(eventname, function(event,data){
    //接收传播事件的处理代码
})
```

在上述调用格式中,eventname 为需要监控的传播事件名称,event 为事件传播过程中自带的特征,该特征包括几个重要的属性,如表 3-1 所示。

表 3-1　各种上网接入方式的比较

属性名称	功能说明
event. targetScope	返回发起传播事件的作用域名称
event. currentScope	返回正在接收传播事件的作用域名称
event. name	传播事件的名称
event. stopPropagation()	防止事件进行冒泡操作的函数
event. preventDefault()	阻止代码事件的发生
event. defaultPrevented()	当执行了 preventDefault()方法时,该属性值为 true,否则为 false

在 $ on()方法处理传播事件的函数中,另外一个 data 参数则为事件在传播过程中携带的数据,通过该对象可以在各个监控的作用域中获取传播时的数据,实现数据通信的功能。

虽然通过作用域的事件可以实现数据通信的功能,但是它们的传播范围非常有限,只能是调用 $ broadcasted()和 $ emitted()这两个方法,在父级和子级的作用域间进行传播,其他不具有这种关系的作用域将无法监控到传播来的事件。

接下来通过一个完整的示例说明这个特征。

示例 3-9　作用域事件的传播

(1)功能说明。

在页面中添加两个功能按钮,分别执行 $ broadcasted()和 $ emitted()方法进行自定义事件的传播,然后在各个作用域中通过 $ on()方法监控事件传播的状态,并将接收后的数据显示在控制台中。

(2)实现代码。

在 WebStorm 开发工具中,新建一个 HTML 文件 3-9. html,加入如代码清单 3-9 所示的代码。

代码清单 3-9　作用域事件的传播

```
<!doctype html >
< html ng – app = "a3_9">
< head >
    <title>作用域事件的传播</title>
    < script src = "Script/angular. min. js"
            type = "text/javascript"></script >
    < style type = "text/css">
        body {
            font – size: 12px;
```

```
            }
        </style>
    </head>
    <body>
        <div ng-controller="c3_9_p">
            <div ng-controller="c3_9_s">
                <button ng-click="to_parent()">
                    向父级传播
                </button>
                <button ng-click="to_child()">
                    向子级传播
                </button>
                <div ng-controller="c3_9_c"></div>
            </div>
            <div ng-controller="c3_9_b"></div>
        </div>
        <script type="text/javascript">
            var a3_9 = angular.module('a3_9', []);
            a3_9.controller('c3_9_s', function ($scope) {
                $scope.to_parent = function () {
                    $scope.$emit('event_1', '事件来源于子级');
                }
                $scope.to_child = function () {
                    $scope.$broadcast('event_2', '事件来源于父级');
                }
            });
            a3_9.controller('c3_9_p', function ($scope) {
                $scope.$on('event_1', function (event, data) {
                    console.log('在父级中监听到', data);
                });
                $scope.$on('event_2', function (event, data) {
                    console.log('在父级中监听到', data);
                });
            });
            a3_9.controller('c3_9_c', function ($scope) {
                $scope.$on('event_1', function (event, data) {
                    console.log('在子级中监听到', data);
                });
                $scope.$on('event_2', function (event, data) {
                    console.log('在子级中监听到', data);
                });
            });
            a3_9.controller('c3_9_b', function ($scope) {
                $scope.$on('event_1', function (event, data) {
                    console.log('在同级中监听到', data);
                });
                $scope.$on('event_2', function (event, data) {
                    console.log('在同级中监听到', data);
                });
```

```
            });
        </script>
    </body>
</html>
```

（3）页面效果。

执行的效果如图 3-9 所示。

图 3-9　作用域事件的传播

（4）代码分析。

在本示例的 JavaScript 代码中，定义了多个控制器，并通过 ng-controller 指令将它们与页面中的各个作用域绑定，在其中名为 c3_9_s 的控制器中，添加了两个方法 to_parent() 和 to_child()，分别用于在单击页面中两个按钮时调用。

在 to_parent() 方法中，直接调用 AngularJS 中的 $emit() 方法，向父作用域传播 event_1 事件和"事件来源于子级"的字符串数据；在 to_child() 方法中，则是调用 AngularJS 中的 $broadcast() 方法，向子作用域传播 event_2 事件和"事件来源于父级"的字符串数据；而在其他的控制器中，则是通过调用 $on() 方法接收其他作用域传播来的事件和数据，并将数据显示在浏览器控制台中。

虽然除 c3_9_s 的控制器外都通过 $on() 方法接收其他作用域传播来的事件和数据，但当用户在页面中单击第一个按钮时，只有父级作用域才接收到子作用域传播来的 event_1 事件和相应字符串内容，其他作用域都没有接收到，因此，只在浏览器控制台中显示"在父级中监听到"事件来源于子级"的字样，效果如图 3-9 所示。

当用户单击页面中的第二个按钮时，也只有子级作用域才接收到了父级作用域传播来的 event_2 事件和相应字符串内容，其他作用域同样也都没有接收到。通过这个示例清楚地看到，通过作用域中的事件传播数据的功能非常有限，只能调用 AngularJS 中的 $emit() 和 $broadcast() 方法在父级和子级作用域中进行事件数据的传递。这点在代码开发中是需要注意的。

3.5　本章小结

　　本章首先从 AngularJS 中的一个重要概念——过滤器讲起,以由浅入深的方式,通过若干个简单、实用、完整的精选示例,详细阐述了过滤器在 AngularJS 中的应用场景和使用方法。此外,还介绍了 AngularJS 中的另一个重要知识点——作用域,采用基础理论与示例相结合的方式,逐步深入地介绍了在 AngularJS 中运用作用域开发应用的方法与技巧。通过本章的学习,读者既能巩固前面所学的知识,又可以为接下来的学习打下更多的实践基础。

第 ❮4❯ 章

AngularJS的依赖注入

本章学习目标
- 理解 AngularJS 中依赖注入的原理；
- 掌握 AngularJS 中依赖注入的方法；
- 掌握 $injector 常用的使用方法。

4.1 依赖注入介绍

从字面上来说，依赖注入分为两个部分：一部分是依赖；另一部分是注入。也就是说，当一个对象在建立时，需要依赖另一个对象，这是代码层的一种"依赖"关系；当在代码中声明了依赖关系之后，AngularJS 则通过 injector 注入器将所依赖的对象进行"注入"操作。

4.1.1 依赖注入的原理

在 AngularJS 中，每一个 AngularJS 应用都有一个 injector 注入器处理依赖的创建，注入器实际上是一个负责查找和创建依赖的服务定位器，所以声明的依赖注入对象都是由它进行处理的。此外，当获取 injector 注入器对象后，还可以调用该对象的 get() 函数来获得任何一个已经被定义过的服务的示例。

接下来通过一个示例说明这一点。

示例 4-1 依赖注入的原理

（1）功能说明。

在页面的视图模板中，当用户单击"点我"按钮后，将在页面 div 元素中显示"单击后显示的内容"字样。

（2）实现代码。

在 WebStorm 开发工具中，新建一个 HTML 文件 4-1. html，加入如代码清单 4-1 所示的代码。

　　代码清单 4-1　依赖注入的原理

```html
<!doctype html>
<html ng-app="a4_1">
<head>
    <title>依赖注入的原理</title>
    <script src="Script/angular.min.js"
            type="text/javascript"></script>
    <style type="text/css">
        body {
            font-size: 12px;
        }
        .show {
            border: solid 1px #ccc;
            padding: 8px;
            width: 260px;
            margin: 10px 0px;
        }
    </style>
</head>
<body>
    <div ng-controller="c4_1">
        <div class="{{cls}}">{{show}}</div>
        <button ng-click="onClick()">点我</button>
    </div>
    <script type="text/javascript">
        var a4_1 = angular.module('a4_1', []);
        a4_1.config(function ($controllerProvider) {
            $controllerProvider.register('c4_1', ['$scope',
                function ($scope) {
                    $scope.cls = "";
                    $scope.onClick = function () {
                        $scope.cls = "show";
                        $scope.show = "单击后显示的内容";
                    };
                }]);
        });
    </script>
</body>
</html>
```

　　（3）页面效果。

　　执行的效果如图 4-1 所示。

　　（4）代码分析。

　　在本示例的代码中，当创建一个名为 a4_1 的模块对象后，并没有调用模块的控制器函数 controller()进行控制器代码的编写，而是调用 config()函数进行服务的注册，这是因为在实际的代码执行过程中，下列两段代码执行后的功能是相同的。

图 4-1　依赖注入的原理

第一段：

```
a4_1.controller('c4_1', ['$scope', function ($scope) {
    //控制器代码
}]);
```

第二段：

```
a4_1.config(function ($controllerProvider) {
    $controllerProvider.register('c4_1', ['$scope',
        function ($scope) {
            //控制器代码
    }]);
});
```

相信第一段代码对于大家来说并不陌生，但它在 AngularJS 中执行的本质则是第二段代码。因为在 AngularJS 中，可以通过模块中的 config() 函数来声明需要注入的依赖对象，而声明的方式是通过调用 provider 服务，但在 AngularJS 内部，controller 控制器并不是由 provider 服务创建的，而是由 controllerProvider 服务创建的。因此，当用户在创建一个控制器时，实际上是在 config() 函数中调用 controllerProvider 服务的 register() 方法，完成一个控制器的创建，当控制器创建完成后，再调用 injector 注入器完成各个依赖对象的注入，这就是一个简单控制器实现依赖注入的工作原理。

4.1.2　简单依赖注入的示例

在 4.1.1 节中介绍了依赖注入的原理，并使用了一个名为 config 的函数。在 AngularJS 中，该函数的功能是为定义的模板对象注入依赖的各种服务，除 4.1.1 节中使用到的用于注册控制器的 controllerProvider 服务外，还有另外一个重要的 provider 服务，在这个服务中包含了几个重要的方法，如 provider()、factory()、service()、value()，而这些方法都有一个相同的功能，就是通过服务创建一个自定义的依赖注入对象。

接下来通过一个完整的示例说明这一点。

示例 4-2　简单依赖注入的示例

（1）功能说明。

在页面的视图模板中，添加 4 个不同文本的按钮，通过依赖注入的方式，向控制器注入多个依赖对象，当单击按钮时，根据选择的对象不同，将在页面的 div 元素中显示不同的问候内容。

（2）实现代码。

在 WebStorm 开发工具中，新建一个 HTML 文件 4-2. html，加入如代码清单 4-2 所示的代码。

代码清单 4-2　简单依赖注入的示例

```html
<!doctype html>
<html ng-app="a4_2">
<head>
    <title>简单依赖注入的示例</title>
    <script src="Script/angular.min.js"
            type="text/javascript"></script>
    <style type="text/css">
        body {
            font-size: 12px;
        }
        .show {
            border: solid 1px #ccc;
            padding: 8px;
            width: 260px;
            margin: 10px 0px;
        }
    </style>
</head>
<body>
    <div ng-controller="c4_2">
        <div class="{{cls}}">{{text}}</div>
        <button ng-click="onClick(1)">早上</button>
        <button ng-click="onClick(2)">上午</button>
        <button ng-click="onClick(3)">下午</button>
        <button ng-click="onClick(4)">晚上</button>
    </div>
    <script type="text/javascript">
        var a4_2 = angular.module('a4_2', []);
        a4_2.config(function ($provide) {
            $provide.provider('show_1', function () {
                this.$get = function () {
                    return {
                        val: function (name) {
                            return name;
```

```
                    }
                }
            }
        });
    });
    a4_2.config(function ( $ provide) {
        $ provide.factory('show_2', function () {
            return {
                val: function (name) {
                    return name;
                }
            }
        });
    });
    a4_2.config(function ( $ provide) {
        $ provide.value('show_3', function (name) {
            return name;
        });
    });
    a4_2.config(function ( $ provide) {
        $ provide.service('show_4', function () {
            return {
                val: function (name) {
                    return name;
                }
            }
        });
    });
    a4_2.controller('c4_2', function ( $ scope, show_1,
        show_2, show_3, show_4) {
        $ scope.cls = "";
        $ scope.onClick = function (t) {
            $ scope.cls = "show";
            switch (t) {
                case 1:
                    $ scope.text = show_1.val("早上好!");
                    break;
                case 2:
                    $ scope.text = show_2.val("上午好!");
                    break;
                case 3:
                    $ scope.text = show_3("下午好!");
                    break;
                case 4:
                    $ scope.text = show_4.val("晚上好!");
                    break;
            }
        }
    });
</script>
</body>
</html>
```

（3）页面效果。

执行的效果如图 4-2 所示。

图 4-2　简单依赖注入的示例

（4）代码分析。

在本示例的代码中，先通过 $provide 服务中的 provider()、factory()、value()、service() 分别在模块中定义了名称为 show_1、show_2、show_3、show_4 的可注入型变量，而这些变量又分别对应一个函数，这些函数的功能都是相同的，即返回用户输入的字符内容。

然后，在定义模板中控制器层代码时，将这些定义好的变量全部作为依赖注入变量来使用，当页面在解析这段代码时，AngularJS 将启动 $provide 服务，并返回多个与服务一一对应的实例。通过这些实例分别处理这些注入变量对应的函数功能，但对于开发者来说，只要注入变量就可以。

最后，在控制器代码中定义一个绑定页面按钮的 onClick() 函数，并在该函数中添加一个 t 参数，用于区分不同的按钮，程序并根据该参数的值，调用不同的依赖注入变量对应的方法。因此，当单击页面中不同的按钮时，传来不同实参 t 的值，并将处理后的函数内容显示在页面中。

4.2　依赖注入标记

在 4.1 节中介绍过，每个 AngularJS 应用都是由注入器（injector）负责查找和创建依赖注入的服务，而这个注入器从本质上来说就是一个服务的定位器，它可以快速地定位到应用中需要注入的各种服务，而在服务定位的过程中，需要应用提供一些注入时依赖的标记，通过这些标记，告诉注入器需要注入什么样的依赖服务，而这些标记就是依赖注入标记。

根据依赖注入标记声明的方式不同，可以将它们分为三种形式：推断式注入、标记式注入和行内式注入。接下来逐一对上述三种形式进行详细的说明。

4.2.1　推断式注入

顾名思义，推断式注入标记是一种猜测式的注入，在没有明确的声明情况下，AngularJS 会认定参数名称就是依赖注入的函数名，并在内部调用函数对象的 toString() 方法，获取对应的参数列表,最后,调用注入器将这些参数注入到应用的实例中,从而实现依赖注入的过程。

接下来通过一个简单的示例说明这种注入方式的应用过程。

示例 4-3 推断式注入

(1) 功能说明。

首先,在模块中创建一个名为 $show 的服务,然后,通过推断注入的方式将这个服务实例注入到应用的控制器中,并在按钮的单击事件中,调用服务实例中的 show()方法,以 alert 方式显示设置好的内容。

(2) 实现代码。

在 WebStorm 开发工具中,新建一个 HTML 文件 4-3.html,加入如代码清单 4-3 所示的代码。

代码清单 4-3 推断式注入

```html
<!doctype html>
<html ng-app="a4_3">
<head>
    <title>推断式注入</title>
    <script src="Script/angular.min.js"
            type="text/javascript"></script>
</head>
<body>
    <div ng-controller="c4_3">
        <input id="btnAlert"
               type="button"
               value="弹出对话框"
               ng-click="onClick('我是一个弹出对话框')" />
    </div>
    <script type="text/javascript">
        var a4_3 = angular.module('a4_3', [])
            .factory('$show', function ($window) {
                return {
                    show: function (text) {
                        $window.alert(text);
                    }
                };
            });
        var c4_3 = function ($scope, $show) {
            $scope.onClick = function (msg) {
                $show.show(msg);
            }
        }
        a4_3.controller('c4_3', c4_3);
    </script>
</body>
</html>
```

（3）页面效果。

执行的效果如图 4-3 所示。

图 4-3　推断式注入

（4）代码分析。

在本示例的代码中，当编写应用控制器代码时，由于在注入服务过程，没有使用"[]"或进行标记式的声明，因此，注入器则通过参数的名称来推断依赖服务与控制器的关系。

AngularJS 将会自动通过 annotate( ) 函数提取实例化参数时传递来的列表，并最终通过注入器将这些列表注入到控制器中。需要说明的是，这种注入方式不需要关注注入时的参数的先后顺序，AngularJS 会根据依赖的程度自动处理，由于 AngularJS 需要根据参数列表分析注入服务，因此，这种注入的方式不能处理压缩或混淆后的代码，只能处理原始的代码。

4.2.2　标记式注入

相比推断式注入而言，标记式注入的声明方式更加明显。通过这种显式的声明方式，明确一个函数在执行过程中需要依赖的各项服务。如果一个函数需要进行标记式的注入声明，则可以直接调用 $inject 属性来完成，该属性是一个字符型的数组，其中的各个元素值就是需要注入的各项服务名称，正是由于它是一个数组，导致这种注入方式的顺序非常重要。

接下来通过一个简单的示例说明这种注入方式的应用过程。

示例 4-4　标记式注入

（1）功能说明。

在示例 4-3 的基础之上，再添加一个新的注入服务，该服务将直接返回用户输入的字符内容，同时，在页面中再添加一个按钮，并在按钮的单击事件中调用服务的 write( ) 方法，将用户输入的内容显示在页面的 div 元素中。

（2）实现代码。

在 WebStorm 开发工具中，新建一个 HTML 文件 4-4.html，加入如代码清单 4-4 所示的代码。

代码清单 4-4　标记式注入

```html
<!doctype html>
<html ng-app="a4_4">
<head>
    <title>标记式注入</title>
    <script src="Script/angular.min.js"
            type="text/javascript"></script>
    <style type="text/css">
        body {
            font-size: 12px;
        }
        .show {
            margin: 10px 0px;
        }
    </style>
</head>
<body>
    <div ng-controller="c4_4">
        <div class="show">
            {{text}}
        </div>
        <input id="btnShow"
               type="button"
               value="弹出"
               ng-click="onShow('我是一个弹出对话框')" />
        <input id="btnWrite"
               type="button"
               value="显示"
               ng-click="onWrite('今天天气有点冷啊!')" />
    </div>
    <script type="text/javascript">
        var c4_4 = function ($scope, $show, $write) {
            $scope.onShow = function (msg) {
                $show.show(msg);
            }
            $scope.onWrite = function (msg) {
                $scope.text = $write.write(msg);
            }
        }
        c4_4.$inject = ['$scope', '$show', '$write'];
        angular.module('a4_4', [])
            .controller('c4_4', c4_4)
            .factory('$show', ['$window', function ($window) {
                return {
                    show: function (text) {
                        $window.alert(text);
                    }
                };
```

```
            }])
            .factory('$write', function () {
                return {
                    write: function (text) {
                        return text;
                    }
                };
            });
    </script>
</body>
</html>
```

（3）页面效果。

执行的效果如图 4-4 所示。

图 4-4　标记式注入

（4）代码分析。

在本示例的代码中，控制器函数 c4_4 通过调用 $inject 属性，向函数中注入了三个名为 $scope、$show、$write 的服务，注入的服务名和顺序必须与函数在构造时的参数名和顺序完全一致，否则，将出现错误异常。

正是由于服务名和函数参数名在名称和顺序的一一对应关系，使得服务名与函数体绑定在一起，因此，这种标记式的注入声明可以在压缩或混淆后的代码中执行，因为代码虽然压缩或混淆了，但它们间的这个对应关系依然是存在的。

4.2.3　行内式注入

无论是推断式注入声明，还是标记式注入声明，代码的编写都显得有些冗余，而且也反复使用了临时变量。为了避免这些不足，AngularJS 还允许开发人员使用行内式注入声明的方式来注入服务。

所谓的行内式注入是指在构建一个 AngularJS 对象，如控制器对象时，允许开发人员将一个字符型数组作为对象的参数，而不仅仅是一个函数，在这个数组中，除最后一个必须是函数体外，其余都代表注入到对象中的服务名，而它们的名称和顺序则与最后一个函数的参数是一一对应的。

接下来通过一个简单的示例说明这种注入方式的应用过程。

示例 4-5 行内式注入

（1）功能说明。

首先，构造一个用于计算任意两个数字和的服务，然后，在定义控制器对象时，采用行内注入的方式将定义好的服务注入到控制器对象中，并绑定页面中的按钮单击事件，当用户单击按钮时，将任意两个数字计算的和值显示在页面中。

（2）实现代码。

在 WebStorm 开发工具中，新建一个 HTML 文件 4-5.html，加入如代码清单 4-5 所示的代码。

代码清单 4-5 行内式注入

```html
<!doctype html>
<html ng-app="a4_5">
<head>
    <title>行内式注入</title>
    <script src="Script/angular.min.js"
            type="text/javascript"></script>
    <style type="text/css">
        body {
            font-size: 12px;
        }
        .show {
            margin: 10px 0px;
        }
    </style>
</head>
<body>
    <div ng-controller="c4_5">
        <div class="show">
            {{text}}
        </div>
        <input id="btnSum"
               type="button"
               value="求和"
               ng-click="onClick(5,10)"/>
    </div>
    <script type="text/javascript">
    angular.module('a4_5', [])
            .factory('$sum', function () {
                return {
                    add: function (m, n) {
                        return m + n;
                    }
                };
```

```
        })
        .controller('c4_5', ['$ scope', '$ sum',
            function ($ scope, $ sum) {
                $ scope.onClick = function (m, n) {
                    $ scope.text = m +
                        " + " + n + " = " +
                        $ sum.add(m, n);
                }
            }
        ]);
    </script>
</body>
</html>
```

（3）页面效果。

执行的效果如图 4-5 所示。

图 4-5　行内式注入

（4）代码分析。

在本示例的代码中,首先定义一个名为 $ sum 的服务,它的功能是执行一个函数。在这个函数的示例中,定义了一个名为 add() 的方法,它的功能是计算传递来的任意两个数字的和,并将结果值返给被注入的对象。

然后在构建控制器对象 c4_5 的过程中,采用行内式注入声明的方式,将定义好的 $ sum 服务注入到控制器对象中,同时,在注入的函数体中声明与服务名一一对应的参数,以用于函数体内部的调用。由于这种方式仍然是分析并处理注入字符数组中的内容,因此,即使是压缩或混淆后的代码,这种方式仍然可以使用。

4.3　$ injector 常用 API

前面一直在介绍依赖注入的概念,而 AngularJS 在依赖注入的过程中,离不开一个重要的对象——注入器($ injector),整个 AngularJS 应用中的注入对象都由它负责定位和创建,它有很多实用的 API 方法,其中比较重要的如 get()、has()、invoke()等,接下来重点介绍这些 API 方法的使用过程,便于进一步深入理解依赖注入的概念。

4.3.1　has()和 get()方法

在 $injector 的众多 API 中,has()是一个非常基础的方法,它的功能是根据传入的名称,从注册的列表中查找对应的服务,如果找到则返回 true,否则返回 false。它的调用格式如下。

```
injector.has(name)
```

在上述代码中,injector 为获取的 $injector 对象,name 为需要查找的服务名称。执行上述代码后,将返回一个布尔值,true 为找到名称对应的服务,false 表示没有找到。

与 has()方法不同,get()方法将返回指定名称的服务实例,获取服务的实例对象后,就可以直接调用服务中的属性和方法。它的调用格式如下。

```
injector.get(name)
```

在上述代码中,injector 为获取的 $injector 对象,name 为需要返回实例的服务名称。执行上述代码后,将直接返回一个服务实例。

为了更加深入地理解这两个 API 的使用方法,接下来通过一个简单的示例演示它们在应用中的使用过程。

示例 4-6　has()和 get()方法

(1) 功能说明。

首先,定义一个名为 $custom 的服务,并在该服务中创建一个 print()方法,用于在控制台中输出任意内容。然后调用 has()方法判断是否存在 $custom 服务,如果存在,则调用 get()方法,获取服务的实例对象,并调用该对象的 print()方法输出设定的字符内容。

(2) 实现代码。

在 WebStorm 开发工具中,新建一个 HTML 文件 4-6.html,加入如代码清单 4-6 所示的代码。

代码清单 4-6　has()和 get()方法

```
<!doctype html>
<html ng-app="a4_6">
<head>
    <title>has()和 get()方法</title>
    <script src="Script/angular.min.js"
            type="text/javascript"></script>
</head>
<body>
    <div ng-controller="c4_6">
```

```
        <!-- 视图组件 -->
    </div>
    <script type = "text/javascript">
        var a4_6 = angular.module('a4_6', [])
                  .factory('$ custom', function () {
                      return {
                          print: function (msg) {
                              console.log(msg);
                          }
                      };
                  });
        var injector = angular.injector(['a4_6', 'ng']);
        var has = injector.has('$ custom');
        console.log(has);
        if (has) {
            var custom = injector.get('$ custom');
            custom.print("控制台输出任意的内容!");
        }
        a4_6.controller('c4_6', ['$ scope', '$ custom',
            function ($ scope, $ custom) {
                //控制器代码
            }]);
    </script>
</body>
</html>
```

（3）页面效果。

执行的效果如图 4-6 所示。

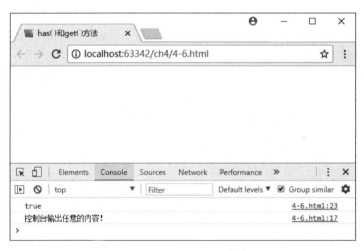

图 4-6　has()和 get()方法

（4）代码分析。

在本示例的代码中，当调用 has()方法检测注册列表中是否含有名为 $ custom 的服务时，浏览器的控制台中输出的结果为 true，表示服务注册列表中包含名为 $ custom 的服务，这是由于在开始检测服务之前,就已经定义了一个名为 \$ custom 的服务。

假如将 \$ custom 服务名修改成其他未定义的名称,那么,在浏览器的控制台将输出 false,表示 has()方法没有找到对应名称的服务。

最后,如果找到了指定的服务名,那么再调用 get()方法获取指定服务名称的实例对象,既然是实例对象,则可以直接调用对象中的方法,因此,通过调用对象中包含的 print()方法,在浏览器的控制台中输出"控制台输出任意的内容!"字样,完整效果如图 4-6 所示。

4.3.2 invoke()方法

在 \$ injector 提供的 API 中,invoke()是一个功能比较强大的方法,它最为常用的场景就是执行一个自定义的函数,除此之外,在执行函数时,还能传递变量给函数自身,调用格式如下。

```
injector.invoke(fn,[self],[locals])
```

在上述代码中,injector 为获取的 \$ injector 对象,参数 fn 为需要执行的函数名称,可选项参数 self 是一个对象,表示用于函数中的 this 变量,可选项参数 locals 也是一个对象,它能为函数中的变量名的传递提供方法支持。

接下来通过一个简单的示例介绍这个方法在应用中的使用过程。

示例 4-7　invoke()方法

(1)功能说明。

在示例 4-6 的基础上,重新自定义了一个名为 fun()函数,它的功能是在浏览器的控制台中输出"函数执行成功!"的字样,当调用 invoke()方法执行该函数时,在浏览器的控制台中将输出设置好的文字,表示函数执行成功。

(2)实现代码。

在 WebStorm 开发工具中,新建一个 HTML 文件 4-7.html,加入如代码清单 4-7 所示的代码。

代码清单 4-7　invoke()方法

```
<!doctype html>
<html ng-app="a4_7">
<head>
    <title>invoke()方法</title>
    <script src="Script/angular.min.js"
            type="text/javascript"></script>
</head>
<body>
    <div ng-controller="c4_7">
        <!-- 视图组件 -->
    </div>
    <script type="text/javascript">
```

```
        var a4_7 = angular.module('a4_7', [])
            .factory('$custom', function () {
                return {
                    print: function (msg) {
                        console.log(msg);
                    }
                };
            });
        var injector = angular.injector(['a4_7', 'ng']);
        var fun = function ($custom) {
            $custom.print("函数执行成功!");
        }
        injector.invoke(fun);
        a4_7.controller('c4_7', ['$scope', '$custom',
            function ($scope, $custom) {
                //控制器代码
            }]);
    </script>
</body>
</html>
```

（3）页面效果。

执行的效果如图 4-7 所示。

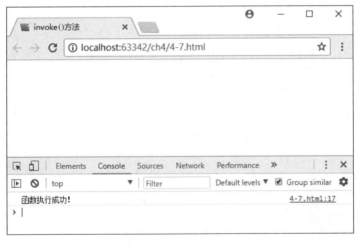

图 4-7　invoke()方法

（4）代码分析。

在本示例的代码中,除使用 factory()方法定义了一个名为 $custom 的服务之外,还自定义了一个名为 fun()的函数,并在这个函数中注入了 $custom 服务,再调用服务中的 print()方法,向浏览器的控制台输出"函数执行成功!"的字样。

为了能执行这个自定义的函数 fun(),调用 $injector 中的 invoke()方法,该方法不仅能执行名称对应的函数代码,还能返回被执行函数返回的值,而在示例中,仅是执行 fun()函数,将设置的内容显示在浏览器的控制台中,最终执行后的效果如图 4-7 所示。

4.3.3 依赖注入应用的场景

在 AngularJS 中,依赖注入的概念非常重要,从上面的 API 中,也了解到 AngularJS 为依赖注入的实现提供了许多非常实用的功能接口,那么,依赖注入常常应用在哪些地方?答案是有两个场景经常使用到依赖注入:一是构建控制器时;二是调用工厂方法构造模块时。下面简单分析这两个使用场景。

1. 构建控制器

控制器是一个应用的行为集合,主要负责应用的各项动作和逻辑处理,因此,它常常需要注入各类服务,用于各类逻辑的调用。常用的控制器代码如下所示。

```
var Contr = function( $ scope,dep1, dep2,...) {
    //控制器中的处理代码
}
Contr. $ inject = ['$ scope','dep1','dep2',...];
```

当然,上面的方式也等价于以下代码。

```
angular.module('MyModule', [])
    .controller('Contr', ['$ scope','dep1','dep2',...,
    function ( $ scope,dep1, dep2,...) {
        //控制器中的处理代码
}]);
```

在两段等价的依赖注入代码中,无论是哪段代码,都使用了服务依赖注入的标记,但从执行的效率上来说,更建议读者使用后者,因为它的代码更加简洁,执行的效率相对要高些。

2. 调用工厂方法

除在控制器中经常使用依赖注入外,在使用工厂方法构建服务时,同样也经常需要注入其他的服务。工厂方法指的是类似于 config()、factory()、directive()、filter()等构造性质的方法,它们在调用时,常用的代码如下所示。

```
angular.module('MyModule', [])
    .config(['dep1','dep2',...,
    function(dep1, dep2,...){
        //函数体
    }])
    .factory('serviceName', ['dep1','dep2',...,
    function(dep1, dep2,...) {
        //函数体
    }])
    .directive('direcName', ['dep1','dep2',...,
    function(dep1, dep2,...) {
        //函数体
    }])
```

```
.filter('filterName', ['dep1','dep2',...,
function(dep1, dep2,...) {
    //函数体
}])
```

由于工厂方法经常用于创建 AngularJS 中的重要对象,如服务、指令、过滤器等,而这个对象在构建过程中,并不是孤立的,它们也常需要依赖其他的服务或指令的注入,因此,使用 AngularJS 中开发应用,依赖注入是一个必须要了解并掌握的知识。

4.4　本章小结

依赖注入是 AngularJS 中一个非常重要的基础概念,只要构建 AngularJS 应用,就必定会用到依赖注入,它也是 AngularJS 的一个明显的特征。本章先从 AngularJS 的工作原理讲起,通过大量简单、易学的示例介绍 AngularJS 中依赖注入的各种声明标记和 $injector 中 API 的使用方法,最后介绍依赖注入的常用场景,使读者进一步巩固之前所学的知识,为后面章节的学习打下基础。

第 5 章

AngularJS中的MVC模式

本章学习目标
● 熟悉并理解 AngularJS 中 MVC 的基础知识；
● 理解 AngularJS 中 MVC 中各个组件的应用场景；
● 掌握 AngularJS 中 MVC 中各个组件的使用方法。

5.1　MVC 模式概述

　　严格来说，MVC 是用于服务端的一种设计模式，但随着客户端复杂性的日益增大，也有类似于服务端的 MVC 框架模式在客户端中应用，其中 AngularJS 就是最突出的一个代表。分离关注是这种模式的一个基本原则，各层之间仅是单向的依赖关系，相互间的耦合度非常低。

5.1.1　MVC 简介

　　MVC 是 Web 界面开发的指导模式，基于这种模式，在客户端开发过程中，可以将前端页面分为模型（Model）、视图（View）、控制器（Controller），其中模型用于存储数据和应用逻辑处理，视图用于管理应用界面，控制器则负责衔接模型和视图之间的交互，当然，模型和视图也可以直接进行交互，它们之间的关系如图 5-1 所示。

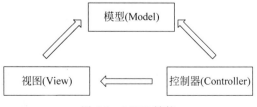

图 5-1　MVC 结构

从示意图中不难看出，MVC各部分的结构之间呈现一种三角形的关系，简单来说，由控制器处理模型和视图所需要的各种逻辑关系，并提供数据的支持，当视图的数据发生改变后，将会直接影响到模型结构的变化。

5.1.2 使用AngularJS中MVC的优势和缺点

虽然在前端开发的框架中，AngularJS是使用MVC最典型的一个代表，但任何一种框架都有它自身许多的优势和不足，而这些特征也是在学习AngularJS过程中必须要了解的。下面详细分析AngularJS中使用MVC模式的优势和缺点。

1. 优势一：提升服务器的性能

在AngularJS中的MVC模式下，服务端不需要向客户端提供类似于JSP/PHP的页面响应，而只是为客户端的静态页面提供API的数据支持，并且这些数据都是通过JSON格式进行轻量级的交互传输，同时，客户端也对交互的数据进行了缓存。因此，在这种模式下，服务器的负载大大降低了，负载降低后，其性能自然得到了提升。

2. 优势二：减少项目开发的时间

在AngularJS中的MVC模式下，前端开发人员不再关注服务端的实现过程，只需知道实现REST的API，而服务端也无须关注前端页面的效果，只需开发相应数据交互的API。这种相互独立又不耦合的特点，使前端开发人员可以全力专注于页面互动和用户体验的实现，而服务端则专注于API接口性能的提升，同时，这一套API也可用于iPhone、Android平台，页面仅是平台之一。因此，在这种模式下，极大减少了项目开发的周期，自然提升了工作效率。

3. 缺点一：页面渲染缓慢

由于AngularJS应用在首次加载时，将下载全部的JavaScript框架文件，监测DOM元素绑定的数据变化、额外的REST数据请求，因此，应用在客户端的页面渲染要缓慢很多，虽然如此，随着客户端机器性能和网络环境的提升，这样的不足就会渐渐消除。

4. 缺点二：页面兼容性较差、不利于搜索引擎识别

目前，即使是最新版本的AngularJS也只支持IE 8以上的浏览器，需要针对低版本的浏览器开发特别的页面。同时，搜索引擎也无法识别JavaScript渲染出来的页面，并且当前可用的解决方案非常复杂，因此，不利于页面被搜索网站收录，给应用后续的推广和宣传带来困难。

5.2 Model 组件

在介绍完AngularJS中MVC的基础概念后，接下来重点分析每个MVC的组成部分。首先介绍Model组件，它是MVC模式下的重要组成部分，在该组件中，可以存储和处理数据，同时，还可以在组件中自定义模板，通过模板实现与界面视图层的通信和数据交互。

5.2.1　Model 组件的基础概念

在 AngularJS 中的 MVC 模式下，Model 属于数据层，它既可以表示整个 AngularJS 应用的数据模型对象，也可以只表示某个实体对象，如下列代码。

```
students = [
    { name: "张明明", sex: "女" },
    { name: "李清思", sex: "女" },
    { name: "刘小华", sex: "男"},
    { name: "陈忠忠", sex: "男" }
];
```

在上述代码中，students 是一个名为"学生"实体对象，它的值是一个个包含 name、sex 属性的数组对象，它既可以表示整个 AngularJS 应用中的数据模型对象，也可以表示多个对象中的某个实体对象。在 AngularJS 中，模型对象依附于作用域，无论是模型的整个或某个实体对象，都必须被 AngularJS 的作用域以属性的方式进行引用，这种引用可以显示或隐式地进行创建。

一旦模型对象以属性的方式被作用域所引用，此时的属性名就是模型的名称，它的值就是整个或某个实体对象，例如上述代码中的 students 的值。

接下来通过一个完整的示例演示 AngularJS 应用中 Model 被属性引用的过程。

示例 5-1　Model 组件的基础概念

（1）功能说明。

在页面的视图模板中，分别通过显式和隐式的方式创建一个名为 name 和 score 的数据模型，并且将隐式方式创建的 score 模型绑定到另外一个 div 元素中。

（2）实现代码。

在 WebStorm 开发工具中，新建一个 HTML 文件 5-1.html，加入如代码清单 5-1 所示的代码。

代码清单 5-1　Model 组件的基础概念

```
<!doctype html>
<html ng-app="a5_1">
<head>
    <title>Model 组件的基础概念</title>
    <script src="Script/angular.min.js"
            type="text/javascript"></script>
    <style type="text/css">
        body {
            font-size: 12px;
        }
        .show {
            background-color: #ccc;
            padding: 8px;
```

```
                width: 260px;
                margin: 10px 0px;
            }
        </style>
    </head>
    <body>
        <div ng-controller = "c5_1">
            <div class = "show">{{name}}</div>
            <input ng-model = score value = "95" />
            <div class = "show">{{score}}</div>
        </div>
        <script type = "text/javascript">
            var a5_1 = angular.module('a5_1', []);
            a5_1.controller('c5_1', ['$scope',
                function ($scope) {
                $scope.name = "张三";
            }]);
        </script>
    </body>
</html>
```

（3）页面效果。

执行的效果如图 5-2 所示。

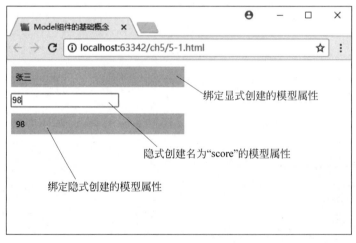

图 5-2　Model 组件的基础概念

（4）代码分析。

在本示例的代码中，当编写页面模板控制器代码时，通过向作用域添加属性的方式，显式地添加了一个名为 name 的模型对象，该对象的值是一个内容为"张三"的字符串，并在页面模板中，通过双大括号的方式将该对象值显示在 div 元素中。

除显式创建模型对象外，还可以通过向元素添加 ng-model 属性的方式，隐性地向作用域创建对象模型，在页面的代码中，通过上述方式向页面模板的一个 input 元素添加了名为 score 的模型对象，一旦模型对象创建成功，就可以被作用域中的元素使用。

因此,在页面的最后一个 div 元素中,通过双大括号的方式绑定了隐式方式创建的这个模型对象,当 input 元素的值发生变化时,绑定的 div 元素也将同步进行更新,其最终实现的页面效果如图 5-2 所示。

5.2.2　使用 ngRepeater 方式遍历 Model 对象

当在控制器中通过属性的方式引入一个模型对象时,如果该对象是一个数组,则页面中的模板需要通过 ngRepeater 方式遍历这个模型对象。在遍历的过程中,为每项数组元素都创建了一个作用域,并在作用域中创建对应的数据模型,再将对应的数组元素值设置为模型值。

接下来通过一个完整的示例演示 AngularJS 应用中遍历 Model 对象的过程。

示例 5-2　使用 ngRepeater 方式遍历 Model 对象

(1)功能说明。

在页面的视图模板中,通过使用 ngRepeater 方式遍历一个在作用域添加的数据模型对象 data,并将该 data 的全部数组显示在页面的 p 元素中。

(2)实现代码。

在 WebStorm 开发工具中,新建一个 HTML 文件 5-2.html,加入如代码清单 5-2 所示的代码。

代码清单 5-2　使用 ngRepeater 方式遍历 Model 对象

```
<!doctype html>
<html ng-app="a5_2">
<head>
    <title>使用 ngRepeater 方式遍历 Model 对象</title>
    <script src="Script/angular.min.js"
            type="text/javascript"></script>
    <style type="text/css">
        body {
            font-size: 12px;
        }
        .show {
            background-color: #ccc;
            padding: 8px;
            width: 260px;
            margin: 10px 0px;
        }
    </style>
</head>
<body>
    <div ng-controller="c5_2">
        <p ng-repeat="stu in data" class="show">
            <span>{{stu.name}}</span>
            <span>{{stu.sex}}</span>
```

```
            </p>
        </div>
        <script type = "text/javascript">
            var a5_2 = angular.module('a5_2', []);
            a5_2.controller('c5_2', ['$scope',
                function ($scope) {
                    $scope.data = [
                        {name: "张明明", sex: "女"},
                        {name: "李清思", sex: "女"},
                        {name: "刘小华", sex: "男"},
                        {name: "陈忠忠", sex: "男"}
                    ];
                }
            ]);
        </script>
    </body>
</html>
```

（3）页面效果。

执行的效果如图 5-3 所示。

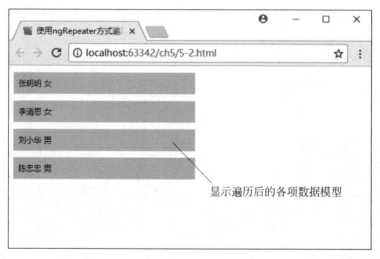

图 5-3　使用 ngRepeater 方式遍历 Model 对象

（4）代码分析。

在本示例的代码中，虽然在控制器中创建了一个名为 data 的模型对象，但由于该对象是一个数组，因此，为了将数组中的每项内容都显示在页面的 p 元素中，需要向该元素添加一个名为 ng-repeat 的指令，通过这个指令遍历模型对象中的各项数据，在遍历的过程中，获取每项数组对象，并创建与对象对应的模型，再将对象的值赋给对应的模型，最后，通过 p 元素与创建的模型绑定，最终将数组中的各项内容显示在页面中。

5.3　Controller 组件

在通常的 MVC 模式下，C 指的是控制层，而对 AngularJS 而言，C 指的则是 Controller 组件，即应用的控制器，它的本质是一个 JavaScript 函数，用于衔接页面模板和逻辑代码，并通过添加对象和行为来增强模板中作用域的功能。接下来详细介绍 Controller 组件的各项功能。

5.3.1　控制器的属性和方法

当创建一个 AngularJS 应用时，除在页面中添加各类视图模板外，通常还需要创建控制器来实现视图模板与逻辑代码间的关联，而实现关联的方法是以 scope. $ new 的形式向控制器中添加模型属性，添加成功后，就可以在视图模板中通过各种方式进行访问，从而实现数据的关联。

由于控制器在开始构建时就要执行添加模型属性的动作，因此，这一动作也称为执行控制器的构造函数；除执行构造函数添加模型属性外，还可以以 scope. $ new 的形式直接添加方法，而使用这种形式添加的方法除了能动态修改模型属性的值外，还可以在视图模板中被元素直接调用。

接下来通过一个完整的简单示例演示控制器构造函数和方法的调用过程。

示例 5-3　控制器的属性和方法

（1）功能说明。

在控制器的构造函数中，以 scope. $ new 的形式添加一个名为 name 的模型属性，并设置它的初始值，同时，分别添加名为 changeA() 和 changeB() 的方法改变 name 值，并将这两个方法分别绑定到视图按钮的单击事件中，当单击按钮时，动态改变 name 值。

（2）实现代码。

在 WebStorm 开发工具中，新建一个 HTML 文件 5-3. html，加入如代码清单 5-3 所示的代码。

代码清单 5-3　控制器的属性和方法

```
<!doctype html>
<html ng-app="a5_3">
<head>
    <title>控制器的属性和方法</title>
    <script src="Script/angular.min.js"
            type="text/javascript"></script>
    <style type="text/css">
        body {
            font-size: 12px;
        }
        .show {
            background-color: #ccc;
```

```
            padding: 8px;
            width: 260px;
            margin: 10px 0px;
        }
    </style>
</head>
<body>
    <div ng-controller="c5_3">
        <button ng-click="changeA()">
            李四
        </button>
        <button ng-click="changeB()">
            王二
        </button>
        <p class="show">
            我的名字叫:{{name}}
        </p>
    </div>
    <script type="text/javascript">
        var a5_3 = angular.module('a5_3', []);
        a5_3.controller('c5_3', function ($scope) {
            $scope.name = '张三';
            $scope.changeA = function () {
                $scope.name = '李四';
            }
            $scope.changeB = function () {
                $scope.name = '王二';
            }
        });
    </script>
</body>
</html>
```

（3）页面效果。

执行的效果如图 5-4 所示。

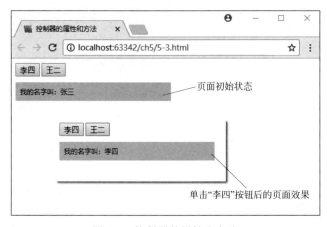

图 5-4　控制器的属性和方法

（4）代码分析。

在本示例的代码中，页面中的视图模板通过 ng-controller 指令隐式声明对应的控制器为 c5_3。在该控制器中，首先，通过 scope.$new 的方式添加名为 name 的模型属性。该属性对应的值是一个字符串，之所以称为"模型属性"，是因为它在控制器中添加之后，可以在控制器对应作用域的视图模板中直接被调用，用于加强作用域中的功能。在本示例中，添加的 name 模型属性以双大括号的方式被视图模板直接调用，作为 p 元素中显示的内容。

其次，通过 scope.$new 的方式还向控制器添加了两个名为 changeA() 和 changeB() 的方法。以这种方式在控制器中添加的方法，与添加的模型属性一样，都可以在控制器对应作用域的视图模板中直接被元素调用。在本示例中，所添加的这两个方法分别绑定了两个按钮的单击事件。

最后，在控制器添加的两个方法 changeA() 和 changeB() 中，分别对 name 属性值进行重置。因此，当用户在视图模板中单击绑定方法的按钮时，将重置 name 属性值，一旦重置成功，视图模板将通过 data-binding 指令进行自动更新。最终效果如图 5-4 所示。

5.3.2　控制器方法中的参数

在控制器中添加的方法除了可以重置属性值外，与普通的 JavaScript 方法一样，同样也可以定义形参，在调用过程中传递实参，功能非常强大。

接下来通过一个完整的示例介绍控制器方法中传递参数的过程。

示例 5-4　控制器方法中的参数

（1）功能说明。

在视图模板中，添加两个文本框元素，并通过 ng-model 指令分别绑定控制器中添加的 a 和 b 模型属性，另外，再添加两个按钮元素，分别在单击事件中绑定控制器中的 change() 方法，根据该方法传递的参数不同，对两个文本框中的值进行加法或乘法运算，并将运算结果显示在页面中。

（2）实现代码。

在 WebStorm 开发工具中，新建一个 HTML 文件 5-4.html，加入如代码清单 5-4 所示的代码。

代码清单 5-4　控制器方法中的参数

```
<!doctype html>
<html ng-app="a5_4">
<head>
    <title>控制器方法中的参数</title>
    <script src="Script/angular.min.js"
            type="text/javascript"></script>
    <style type="text/css">
        body {
            font-size: 12px;
        }
        .show {
```

```
                background-color: #ccc;
                padding: 8px;
                width: 260px;
                margin: 10px 0px;
            }
            input {
                width: 50px;
            }
        </style>
    </head>
    <body>
        <div ng-controller="c5_4">
            <div class="show">
                <input ng-model="a" value="0"/>
                <span>{{type}}</span>
                <input ng-model="b" value="0"/>
                <span>=</span>
                <span class="show">{{result}}</span>
            </div>
            <div class="show">
                <button ng-click="change(1)">
                    加法
                </button>
                <button ng-click="change(0)">
                    乘法
                </button>
            </div>
        </div>
        <script type="text/javascript">
            var a5_4 = angular.module('a5_4', []);
            a5_4.controller('c5_4', ['$scope',
                function ($scope) {
                    $scope.type = "+";
                    $scope.change = function (t) {
                        if (t) {
                            $scope.type = "+";
                            $scope.result = parseInt($scope.a)
                                        + parseInt($scope.b);
                        } else {
                            $scope.type = "*";
                            $scope.result = $scope.a * $scope.b;
                        }
                    }
                }
            ]);
        </script>
    </body>
</html>
```

（3）页面效果。

执行的效果如图 5-5 所示。

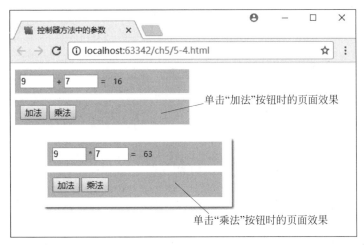

图 5-5　控制器方法中的参数

（4）代码分析。

在本示例的控制器代码中,分别添加了模型属性 type、a、b、result。第一个属性用于在页面中显示两个文本框值的运算符;a 和 b 两个属性分别用于页面模板中两个文本框元素的绑定,绑定后,控制器的属性值和文本框的值将同步更新;最后一个属性用于保存 a 和 b 两个属性值运算后的结果,并将该结果值通过绑定的方式,显示在页面模板指定的元素中。

另外,在控制器中添加了一个名为 change() 的方法,该方法在添加时声明了一个名 t 的参数,当该参数值为 true 时,进行加法运算,否则,执行乘法运算。无论是进行加法运算还是乘法运算,都先重置运算符 type 的值,然后将执行运算后的结果赋给 result 属性。由于所有的模型属性都与视图中的模板元素绑定,因此,一旦控制器中的属性值发生了变化,视图中绑定的对应元素内容将进行自动同步更新。

5.3.3　控制器中属性和方法的继承

众所周知,在原生的 JavaScript 代码中,有很多种对象继承方法,例如,通过实例化的方式创建的一个子类对象,可以继承父类原型对象中的属性和方法。但是 AngularJS 控制器中属性和方法的继承与这种继承方式有很大的区别,由于所有的模型属性和方法都不是实例化的方式,而是通过指令绑定已存在的视图模板,因此,控制器中的继承是由视图模板的结构定义的,具体来说,处在子节点的模板控制器可以继承父节点所对应的模板控制器,即可以直接访问父节点控制器中的模型属性和方法,而反之则不可以访问。

接下来通过一个简单的示例演示控制器中属性和方法的继承过程。

示例 5-5　控制器中属性和方法的继承

（1）功能说明。

在视图模板中,用嵌套的方式创建多个 div 元素,并通过 ng-controller 指令绑定各自的控制器,然后,在各个节点元素中通过双大括号的形式,显示全部控制器所创建的模型属性内容。

（2）实现代码。

在 WebStorm 开发工具中,新建一个 HTML 文件 5-5. html,加入如代码清单 5-5 所示的代码。

代码清单 5-5　控制器中属性和方法的继承

```html
<!doctype html>
<html ng-app="a5_5">
<head>
    <title>控制器中属性和方法的继承</title>
    <script src="Script/angular.min.js"
            type="text/javascript"></script>
    <style type="text/css">
        body {
            font-size: 12px;
        }
        .show {
            background-color: #ccc;
            padding: 8px;
            width: 260px;
            margin: 10px 0px;
        }
    </style>
</head>
<body>
    <div ng-controller="c5_5">
        <div class="show">
            {{name_a + "/" + name_b + "/" +
            name_c + "/" + score}}
        </div>
        <div ng-controller="c5_5_1">
            <div class="show">
                {{name_a + "/" + name_b + "/" +
                name_c + "/" + score}}
            </div>
            <div ng-controller="c5_5_1_1">
                <div class="show">
                    {{name_a + "/" + name_b + "/" +
                    name_c + "/" + score}}
                </div>
            </div>
        </div>
    </div>
    <script type="text/javascript">
        var a5_5 = angular.module('a5_5', []);
        a5_5.controller('c5_5', ['$scope',
            function ($scope) {
```

```
                    $ scope.name_a = "张三";
                    $ scope.score = 60;
            }]);
        a5_5.controller('c5_5_1', ['$ scope',
            function ( $ scope) {
                    $ scope.name_b = "李四";
                    $ scope.score = 70;
            }]);
        a5_5.controller('c5_5_1_1', ['$ scope',
            function ( $ scope) {
                    $ scope.name_c = "王二";
                    $ scope.score = 80;
            }]);
    </script>
</body>
</html>
```

（3）页面效果。

执行的效果如图 5-6 所示。

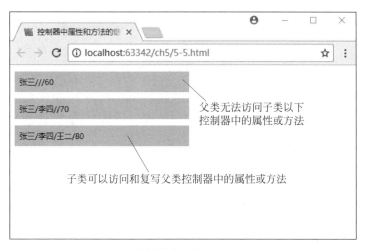

图 5-6　控制器中属性和方法的继承

（4）代码分析。

从本示例执行的页面效果可以看出，通过嵌套形式的视图模板结构，也将与模板绑定的控制器形成嵌套的形式，从而也形成了四个与控制器对应的作用域：根作用域，用于控制整个页面的元素；c5_5 作用域，它包含了可以被子层继承和复写的 name_a 和 score 模型属性；c5_5_1 作用域，它继承了 c5_5 作用域中的 name_a 属性，并复写了 score 模型属性值；c5_5_1_1 作用域，它继承了 c5_5 作用域中的 name_a 属性和 c5_5_1 作用域中的 name_b 属性，也复写了 score 模型属性值。

此外，通过执行的页面效果也能看出，父级作用域无法访问到子级作用域下控制器的模型属性和方法，即在 c5_5 作用域中无法获取 c5_5_1 作用域中的 name_b 属性，因此，返回空值。同时，如果是相同的属性名，继承后，可以直接复写，因此，在 c5_5_1 作用域中，复写后的 score 的值为 70,而非 c5_5 作用域中的 60。

通过本示例的演示,可以很清楚地看到,控制器中的属性和方法的继承与原型的继承差别巨大,因为控制器并没有通过实例化方式来创建,而是直接被视图模板调用之后才形成的。

严格来讲,一个控制器只包括一个对应视图模板的业务逻辑,不应将过多的页面 DOM 操作加入到控制器中,容易加大测试操作的复杂程度。另外,不属于视图业务逻辑的数据请求和获取,应尽量通过服务调用的形式来实现,而不应在控制器中实现,这样可以保持控制器的功能单一性。

5.4　View 组件

在 AngularJS 的 MVC 模式下,其中 V 指的就是视图层,即 View 组件,但这种组件并不是普通的视图模板元素,准确来说,它是先经过浏览器加载并渲染后,再根据视图模板和对应控制器模型修改后所包含的 DOM 元素。

View 组件是多方作用下的结果,这也使得它的最终展示并不是独立的,它的外形取决于视图模板,内部数据来源于控制器,所以,可以通过 ng-view 指令加载和切换视图模板,并将视图组件通过 ng-controller 指令与控制器绑定。由于后者在介绍控制器时有过详细的说明,因此接下来将重点介绍 View 组件加载和切换视图模板的功能。

5.4.1　View 组件中的模板切换

由于 AngularJS 的应用常常是由一个单页来实现的,因此,为了在视图模板中实现多个功能,需要在页面的局部进行刷新或切换,而要实现这一效果,需要在视图模板中借助 ng-view 指令,在控制器中引入 $ routeProvider 服务。

接下来通过一个简单的示例演示 View 组件切换模板的过程。

示例 5-6　View 组件中的模板切换

(1) 功能说明。

在一个页面的视图模板中,当用户单击不同的导航链接时,将改变当前地址栏中的 URL 链接,并在视图中切换不同的模板,且将模板中的内容显示在指定的页面元素中。

(2) 实现代码。

在 WebStorm 开发工具中,新建一个 HTML 文件 5-6.html,加入如代码清单 5-6 所示的代码。

代码清单 5-6　View 组件中的模板切换

```
<!doctype html>
<html ng-app="a5_6">
<head>
    <title>View 组件中的模板切换</title>
    <script src="Script/angular.min.js"
            type="text/javascript"></script>
```

```
        <script src = "Script/angular - route.min.js"
               type = "text/javascript"></script>
    <style type = "text/css">
        body {
            font - size: 13px;
        }
        .show {
            background - color: #ccc;
            padding: 8px;
            width: 260px;
            margin: 10px 0px;
        }
    </style>
</head>
<body>
div
    <a href = "/ch5/5 - 6.html#!/">
        首页
    </a> |
    <a href = "/ch5/5 - 6.html#!/book">
        图书
    </a> |
    <a href = "/ch5/5 - 6.html#!/game">
        游戏
    </a>
</div>
    <div ng - view></div>
    <script type = "text/javascript">
        var a5_6 = angular.module('a5_6', ['ngRoute']);
        a5_6.controller('a5_6_1', ['$scope',
            function ($scope) {
                $scope.title = "这是首页";
            }]);
        a5_6.controller('a5_6_2', ['$scope',
            function ($scope) {
                $scope.title = "这是图书页";
            }]);
        a5_6.controller('a5_6_3', ['$scope',
            function ($scope) {
                $scope.title = "这是游戏页";
            }]);
        a5_6.config(['$routeProvider',
            function ($routeProvider) {
                $routeProvider
                .when('/', {
                controller: 'a5_6_1',
                template: "<div class = 'show'>{{title}}</div>"
                })
                .when('/book', {
```

```
                    controller: 'a5_6_2',
                    template: "< div class = 'show'>{{title}}</div>"
                })
                .when('/game', {
                controller: 'a5_6_3',
                template: "< div class = 'show'>{{title}}</div>"
                })
                .otherwise({
                redirectTo: '/'
                });
            }
        ]);
    </script>
</body>
</html>
```

（3）页面效果。

执行的效果如图 5-7 所示。

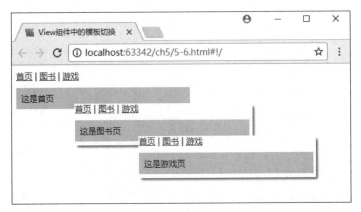

图 5-7　View 组件中的模板切换

（4）代码分析。

在本示例的代码中,为了实现在一个页面中切换模板的功能,需要在页面中添加一个带有 ng-view 指令的元素,作为装载不同模板的容器,所有切换后的页面都在该容器中展示。

另外,为了在切换模板的同时,重置 URL 地址内容,以便于用户的收藏和刷新,需要在构建视图对应的控制器时导入一个名为 $routeProvider 的服务,并将配置好的路由传递给该项服务中的 when() 函数中,代码如下。

```
.when('/book', {
    controller: 'a5_6_2',
    template: "< div class = 'show'>{{title}}</div>"
})
```

上述代码表示,如果当前的 URL 地址为 #/book,那么,AngularJS 将先加载 template

下载的模板代码,并将该模板下的根元素与 controller 指定的控制器相关联,一旦关联成功,双大括号下的 title 属性的值将由关联的控制器提供,即它的值是"这是图书页"。

此外,在 $routeProvider 服务中,otherwise()函数则表示,当没有匹配到任何地址时路由应跳转的 URL。本示例中的代码如下。

```
.otherwise({
    redirectTo: '/'
});
```

上述代码表示,如果没有匹配到任意地址时,路由将跳至根目录下。

5.4.2　在切换视图模板时传参数

在切换视图模板时,不仅可以在一个页面的相同区域切换显示不同的元素,还可以在切换过程中传递参数,并且可以将一个页面的文件名称作为切换的模板地址。使用这种方式,可以将一个应用先分割成多个功能页,由它们完成不同的模块功能,然后在需要时进行切换加载。

接下来通过一个示例演示切换多个页面并传递参数的过程。

示例 5-7　多页面切换并传递参数

(1)功能说明。

在一个页面中实现学生信息浏览的功能,首先,以列表的方式显示全部学生的姓名,然后,当在列表单击某个学生姓名时,进入该学生的详细资料页,显示该学生的全部资料数据。

(2)实现代码。

在 WebStorm 开发工具中,新建一个 HTML 文件 5-7.html,加入如代码清单 5-7 所示的代码。

代码清单 5-7　浏览学生信息的主页

```html
<!doctype html >
< html ng – app = "a5_7">
< head >
    <title>在切换视图模板时传递参数</title>
    < script src = "Script/angular.min.js"
            type = "text/javascript"></script >
    < script src = "Script/angular – route.min.js"
            type = "text/javascript"></script >
    < style type = "text/css">
        body {
            font – size: 13px;
        }
        .show {
            background – color: #ccc;
            padding: 8px;
            width: 260px;
```

```
                margin: 10px 0px;
            }
        </style>
    </head>
    <body>
        <div ng-view></div>
        <script type="text/javascript">
            var a5_7 = angular.module('a5_7', ['ngRoute']);
            a5_7.controller('c5_7_1', ['$scope',
                function ($scope) {
                    $scope.students = students;
                }
            ]);
            a5_7.controller('c5_7_2',
                function ($scope, $routeParams) {
                    for (var i = 0; i < students.length; i++) {
                        if (students[i].stuId == $routeParams.id) {
                            $scope.student = students[i];
                            break;
                        }
                    }
                });
            a5_7.config(['$routeProvider',
                function ($routeProvider) {
                    $routeProvider
                    .when('/', {
                    controller: 'c5_7_1',
                    templateUrl: "5-7-1.html"
                    })
                    .when('/view/:id', {
                    controller: 'c5_7_2',
                    templateUrl: "5-7-2.html",
                    publicAccess: true
                    })
                    .otherwise({
                    redirectTo: '/'
                    });
                }]);
            var students = [
                {
                    stuId: 1000, name: "张明明",
                    sex: "女", score: 60
                },
                {
                    stuId: 1001, name: "李清思",
                    sex: "女", score: 80
                },
                {
                    stuId: 1002, name: "刘小华",
```

```
                    sex: "男", score: 90
                },
                {
                    stuId: 1003, name: "陈忠忠",
                    sex: "男", score: 70
                }
            ];
        </script>
    </body>
</html>
```

再新建一个名为 5-7-1.html 的 HTML 页面子模板,用于实现以列表的方式显示全部学生姓名的功能,加入如代码清单 5-8 所示的代码。

代码清单 5-8　以列表的方式显示学生姓名的子模板

```
<div ng-repeat="stu in students" class="show">
    <a href="#view/{{stu.stuId}}">{{stu.name}}</a>
</div>
```

再新建一个名为 5-7-2.html 的 HTML 页面子模板,用于实现以根据列表中传递的参数值获取并显示对应学生全部资料的功能,加入如代码清单 5-9 所示的代码。

代码清单 5-9　展示学生全部资料的子模板

```
<div class="show">
    div 学号:{{student.stuId}}</div>
    div 姓名:{{student.name}}</div>
    div 性别:{{student.sex}}</div>
    div 分数:{{student.score}}</div>
</div>
```

(3)页面效果。

执行的效果如图 5-8 所示。

(4)代码分析。

在本示例的代码中,为了实现由不同的页面模板分割不同的功能,并按指定的路由进行加载的目的。首先,新创建三个页面,分别实现不同的功能模板,其中 5-7.html 为主页面,用于创建一个布局模板,并通过 ng-view 指令绑定其他视图模板显示的元素,代码如下。

```
<div ng-view></div>
```

上述代码表示,其他相关的子类视图模板将显示这个 div 元素中。

然后,添加两个用于绑定子类视图模板的控制器 a5_7_1 和 a5_7_2,前者用于以列表的方式显示全部学生的姓名,后者用于根据传回的学生 ID 号获取对应学生的全部信息,核心代码如下。

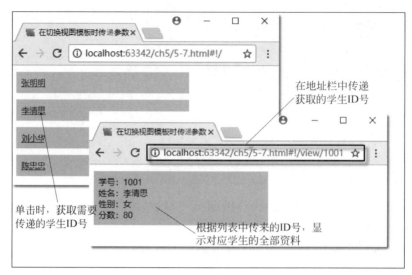

图 5-8　在切换视图模板时传参数

```
for (var i = 0; i < students.length; i++){
    if (students[i].stuId == $ routeParams.id) {
        $ scope.student = students[i];
        break;
    }
}
```

在上述代码中,当通过地址栏传递学生 ID 时,该 ID 号将被保存在 $ routeParams 服务的
ID 号中,因此,为了根据传来的 ID 号并在学生数据中找到对应的数据信息,先遍历整个学生
数据。在遍历过程中,当某项学生的 stuId 值和 $ routeParams.id 相等时,则将对应学生的全
部数据信息赋给模型的 student 属性,被绑定的视图模板将调用该属性,显示全部的学生信息。

最后,在调用 $ routeProvider 服务设置路由传递参数时,将路由的地址格式设置为/
view/:id,因此,为了满足这种路由的格式,在列表中单击某位学生姓名时,添加如下代码。

```
< a href = " # view/{{stu.stuId}}">{{stu.name}}</a>
```

上述代码定义的路由链接符合 $ routeProvider 服务通过 when()函数设置的格式,因
此,当单击上述链接时,将直接调用 5-7-2.html 页面模板,并将名为 c5_7_2 的控制器绑定
该模板,从而实现根据传递的学生 ID 号显示全部数据的功能。

5.5　本章小结

本章首先讲解 MVC 的概念,然后分别介绍了模型、控制器、视图各个组件的概念,通过一
个个简单、完整的示例,详细介绍了它们在 AngularJS 应用中实现各项功能的过程,为读者全
面了解并掌握如何在 AngularJS 中使用 MVC 模式开发应用,打下扎实的理论和实践基础。

第 6 章

AngularJS的服务

本章学习目标

- 理解 AngularJS 中服务的基础知识；
- 掌握 AngularJS 中服务的创建和依赖管理的方法；
- 熟悉 AngularJS 中服务其他项的设置方法。

6.1 AngularJS 服务介绍

在 AngularJS 中服务是一种单例对象。所谓单例，指的是服务在每一个应用中都只会被实例化一次，并且是在需要时异步进行加载。服务的主要功能是为实现应用的功能提供数据和对象，按照功能的不同，它又可以分为内置服务和自定义服务。接下来详细介绍这两类服务的使用。

6.1.1 内置服务

AngularJS 提供了许多内置的服务，如常用的 $scope、$http、$window、$location 等，可以在控制器中直接调用，而无须访问服务所涉及的底层代码，从而确保整个应用的结构不被污染。此外，这些服务在应用中任何地方调用的方法都是统一的，通过直接调用这些服务，也可以将复杂的一些应用功能进行简化或分块化，从而提高代码开发的效率。

接下来通过一个简单的示例说明内置服务 $location 的调用过程。

示例 6-1 内置服务调用

（1）功能说明。

在视图模板中，添加一个 div 和 button 按钮，当单击 button 按钮时，调用内置服务 $location 对象中的 href()方法，获取当前地址栏中完整的 URL 字符，并将它显示在 div 元素中。

（2）实现代码。

在 WebStorm 开发工具中，新建一个 HTML 文件 6-1.html，加入如代码清单 6-1 所示的代码。

代码清单 6-1　内置服务调用

```html
<!doctype html>
<html ng-app="a6_1">
<head>
    <title>内置服务调用</title>
    <script src="Script/angular.min.js"
            type="text/javascript"></script>
    <style type="text/css">
        body {
            font-size: 12px;
        }
        .show {
            background-color: #ccc;
            padding: 8px;
            width: 260px;
            margin: 10px 0px;
        }
    </style>
</head>
<body>
    <div ng-controller="c6_1">
        <div class="show">
            当前地址是:{{url}}
        </div>
        <button ng-click="onclick()">
            显示地址
        </button>
    </div>
    <script type="text/javascript">
        angular.module('a6_1', [])
            .controller('c6_1',
                function ($scope, $location) {
                    $scope.onclick = function () {
                        $scope.url = $location.absUrl();
                    }
                });
    </script>
</body>
</html>
```

（3）页面效果。

执行的效果如图 6-1 所示。

（4）代码分析。

在本示例的代码中，通过依赖注入的方式向控制器注入了一个名为 $location 的服务。

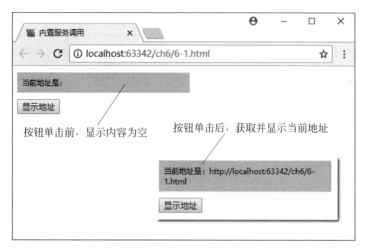

图 6-1　内置服务调用

由于在代码中没有通过数组进行声明,因此,这种简单的注入又称为隐性注入服务。一旦在控制器中注入了服务,就可以直接访问该服务对象中包含的方法和属性,如本示例中的 absUrl() 方法,它的功能是返回当前地址栏中的 URL 地址,因为在本示例中将返回的 URL 地址赋给了名为 url 的模型属性,这样,当在视图模板中绑定该属性后,将自动显示获取的 URL 地址。

名为 $location 的服务除包含 absUrl() 方法外,还包含 search、path 等其他方法,同时,还提供了两个名称分别为 $locationChangeStart 和 $locationChangeSuccess 的 API,它们详细的使用方法,可以参考 AngularJS 的官方 API 文档。

6.1.2　自定义服务

通过 6.1.1 节内置服务的介绍可以看出,内置服务的使用方法相当简单和方便,只需将服务注入需要服务的容器中,如控制器、指令或其他自定义的服务,就可以采用对象的方式调用服务中包含的各个属性和方法,操作非常简便。

虽然内置的服务功能强大,使用非常方便,但毕竟都是一些通用的功能,当开发一个 AngularJS 应用时,大部分的逻辑和功能都需要自定义,因此,为了更好地运用 AngularJS 中的服务功能,开发者可以自定义符合应用本身业务逻辑的服务。定义服务的方法也非常简单,主要包含两种:一种是使用内置的 $provide 服务;另一种则是调用模块中的服务注册方法,如 factory()、service()、constant()、value() 等方法。本节先介绍前一种方法,后一种方法将在 6.2 节中详细介绍。

接下来通过一个简单的示例演示使用 $provide 自定义服务的过程。

示例 6-2　使用 $provide 自定义服务

(1) 功能说明。

在视图模板中,添加多个 span 元素用于绑定显示服务返回的 JSON 对象中的内容,在控制器代码中,调用自定义的服务,返回一个 JSON 对象,并可以通过对象 key 的值获取对应 value 的值。

（2）实现代码。

在 WebStorm 开发工具中，新建一个 HTML 文件 6-2.html，加入如代码清单 6-2 所示的代码。

代码清单 6-2　使用 $ provide 自定义服务

```
<!doctype html>
<html ng-app="a6_2">
<head>
    <title>使用 $ provide 自定义服务</title>
    <script src="Script/angular.min.js"
            type="text/javascript"></script>
    <style type="text/css">
        body {
            font-size: 12px;
        }
        .show {
            background-color: #ccc;
            padding: 8px;
            width: 260px;
            margin: 10px 0px;
        }
    </style>
</head>
<body>
    <div ng-controller="c6_2">
        <div class="show">
            服务返回的值:
            <span>{{info('name')}}</span>
            <span>{{info('sex')}}</span>
            <span>{{info('score')}}</span>
        </div>
    </div>
    <script type="text/javascript">
        angular.module('a6_2', [],
        function ($provide) {
            $provide.factory('$output',
                function () {
                    var stu = {
                        name: '张三',
                        sex: '男',
                        score: '60'
                    };
                    return stu;
                })
        })
        .controller('c6_2',
            function ($scope, $output) {
```

```
                    $ scope.info = function (n) {
                        for (_n in $ output) {
                            if (_n == n) {
                                return ($ output[_n]);
                            }
                        }
                    }
                });
        </script>
    </body>
</html>
```

（3）页面效果。

执行的效果如图 6-2 所示。

图 6-2　使用 $ provide 自定义服务

（4）代码分析。

在本示例的代码中，当定义模块时，以依赖注入的方式添加了一个名为 $ provide 的内置服务，调用该服务对象的工厂函数 factory()，自定义了一个名为 $ output 的服务，为了避免与其他对象或服务的冲突，自定义服务的名称前缀通常为一个"$"符号，用于标识这是一个服务对象。

在示例的 $ output 服务中，定义了一个名为 stu 的 JSON 对象，并通过 return 语句返回该对象，即该项自定义的服务功能是返回一个 JSON 格式的对象，用于控制器的调用。

在控制器代码中，无论是内置服务，还是自定义服务，它们的调用方式都是通过依赖注入的方式向控制器中添加服务。由于自定义服务和内置服务都只是在注入时被实例化一次，因此，服务被注入的动作实际上是 AngularJS 编译器引入实例化对象的过程，当通过依赖注入的方式向控制器添加自定义服务时，这个服务已经是一个实例化后的服务对象。

6.2　创建 AngularJS 服务

通过 6.1 节的学习，知道了在 AngularJS 中创建自己的服务非常方便，只需要先构建一个模块，然后在构建过程中调用内置的 $ provide 服务，通过该服务的工厂函数来创建属于自己的 AngularJS 服务。除此之外,还可以直接调用模块中的 factory()、service()、constant()、value()等方法来创建。接下来对每一个方法进行详细的介绍。

6.2.1 使用 factory()方法自定义服务

在 AngularJS 中创建服务时,除调用 $provide 服务外,还可以用直接调用模块的方法进行创建,其中最为常用的是 factory()方法,它的调用格式如下。

```
app.factory(name,fn)
```

在上述代码中,app 为已构建的模块变量,参数 name 表示创建服务的名称,fn 表示服务实现的功能函数,可以返回一个能被注入对象的数组或函数,该函数本身在服务实例化时被调用。

接下来通过一个简单的示例演示使用 factory()方法创建服务的过程。

示例 6-3 使用 factory()方法自定义服务

(1)功能说明。

在视图模板中,分别添加两个 div 元素,用于显示调用 factory()方法创建的服务内容。在定义模板代码中,分别调用模块中的 factory()方法,创建两个名称为 $outfun 和 $outarr 的服务,前者返回一个函数,后者返回一个数组。

(2)实现代码。

在 WebStorm 开发工具中,新建一个 HTML 文件 6-3.html,加入如代码清单 6-3 所示的代码。

代码清单 6-3 使用 factory()方法自定义服务

```html
<!doctype html>
<html ng-app="a6_3">
<head>
    <title>使用 factory()方法自定义服务</title>
    <script src="Script/angular.min.js"
            type="text/javascript"></script>
    <style type="text/css">
        body {
            font-size: 12px;
        }
        .show {
            background-color: #ccc;
            padding: 8px;
            width: 260px;
            margin: 10px 0px;
        }
    </style>
</head>
<body>
```

```
    < div ng – controller = "c6_3">
        < div class = "show">
            {{str('我是服务返回的内容')}}
        </div >
        < div class = "show">
            {{name(1)}}
        </div >
    </div >
    < script type = "text/javascript">
        angular.module('a6_3', [])
            .factory('$ outfun', function () {
                return {
                    str: function (s) {
                        return s;
                    }
                };
            })
            .factory('$ outarr', function () {
                return ['张三', '李四', '王二']
            })
            .controller('c6_3',
                function ( $ scope, $ outfun, $ outarr) {
                    $ scope.str = function (n) {
                        return $ outfun.str(n);
                    }
                    $ scope.name = function (n) {
                        return $ outarr[n];
                    }
                }
            );
    </script >
</body >
</html >
```

（3）页面效果。

执行的效果如图 6-3 所示。

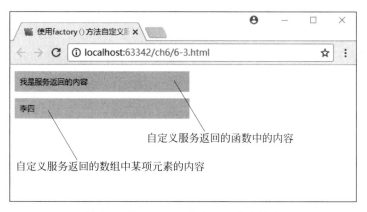

图 6-3 使用 factory()方法自定义服务

（4）代码分析。

在本示例的代码中，首先，分别两次调用模块的 factory()方法，创建了名称分别为 $outfun 和 $outarr 的服务，前者将返回一个名为 str 的函数，它的值是用户调用该函数时输入的任意字符内容；后者将直接返回一个包含姓名内容的数组。

如果控制器通过隐式方式注入两个新创建的服务后，可以在代码层中以服务对象的方式访问这两项服务。先将 $outfun 服务返回的函数值赋给名为 str 的模型属性，通过该属性与视图模板绑定，显示用户调用服务后输入的任意内容。再将 $outarr 服务返回的数组赋给名为 name 的模型属性，通过动态传递索引号 n，获取对应数组中的内容，并显示在页面中，最终效果如图 6-3 所示。

6.2.2　使用 service()方法自定义服务

在 AngularJS 中，除调用模块的 factory()方法创建服务之外，还可以调用另外一个方法——service()方法，此方法与 factory()方法不同的是，它可以接收一个构造函数。该方法的调用格式如下。

```
app.service(name,fn)
```

在上述代码中，app 为已构建的模块变量，参数 name 表示创建服务的名称，fn 表示构建构造，当注入该服务时，通过该函数并使用 new 关键字来实例化服务对象。

接下来通过一个简单的示例演示使用 service()方法自定义服务的过程。

示例 6-4　使用 service()方法自定义服务

（1）功能说明。

在视图模板中，分别添加多个 div 元素和一个 button 按钮，用于显示和执行调用服务后返回的内容。在定义模板代码中，调用模块中的 service()方法，创建一个名为 $student 的服务，返回一个构造函数，该函数中定义了多个属性和一个用于按钮执行的方法。

（2）实现代码。

在 WebStorm 开发工具中，新建一个 HTML 文件 6-4.html，加入如代码清单 6-4 所示的代码。

代码清单 6-4　使用 service()方法自定义服务

```html
<!doctype html>
<html ng-app="a6_4">
<head>
    <title>使用 service()方法自定义服务</title>
    <script src="Script/angular.min.js"
            type="text/javascript"></script>
    <style type="text/css">
        body {
            font-size: 12px;
        }
```

```
            .show {
                background-color: #ccc;
                padding: 8px;
                width: 260px;
                margin: 10px 0px;
            }
        </style>
</head>
<body>
    <div ng-controller="c6_4">
        <div class="show">
            姓名:{{name}}
        </div>
        <div class="show">
            邮件:{{email}}
        </div>
        <div class="show">
            {{title}}
        </div>
        <button ng-click="say()">
            主题
        </button>
    </div>
    <script type="text/javascript">
        angular.module('a6_4', [])
            .service('$student', function () {
                this.name = "陶国荣";
                this.email = "tao_guo_rong@163.com";
                this.say = function () {
                    return "hello,AngularJS!";
                }
            })
            .controller('c6_4',
                function ($scope, $student) {
                    $scope.name = $student.name;
                    $scope.email = $student.email;
                    $scope.say = function () {
                        $scope.title = $student.say();
                    }
                }
            );
    </script>
</body>
</html>
```

（3）页面效果。

执行的效果如图 6-4 所示。

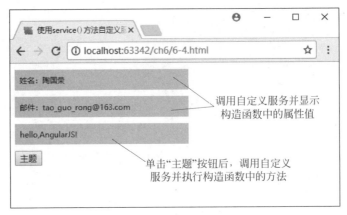

图 6-4　使用 service() 方法自定义服务

（4）代码分析。

在本示例的代码中，先调用模块的 service() 方法创建了一个名为 $student 的服务，因为使用 service() 方法可以返回构造函数，因此，在这个服务返回的函数中，能通过 this 方式添加了两个属性和一个名为 say() 的方法，用于注入服务时的回调。

然后，在控制器代码中，通过依赖注入的方式添加名为 $student 的服务，在注入过程中，AngularJS 检测到是 service() 创建的服务，会自动通过关键字 new 来实例化这个服务，生成服务对象。因此，在控制器中能通过这个服务对象访问函数中的属性和方法。

需要说明的是，通过 factory() 方法创建的服务代码，完全可以使用 service() 方法来代替。但如果是 service() 方法创建的服务，使用 factory() 方法代替时，需要先将 service() 方法中回调函数单独成一个自定义的函数，再在 factory() 方法的回调函数中使用关键字 new 实例化这个自定义的函数，并返回实例化后的对象，即下列两段代码是等价的。

service() 方法：

```
angular.module('a6_4', [])
    .service('$student', function () {
        this.name = "陶国荣";
        this.email = "tao_guo_rong@163.com";
        this.say = function () {
        return "hello,angular!";
        }
})
```

factory() 方法：

```
function student() {
    this.name = "陶国荣";
    this.email = "tao_guo_rong@163.com";
    this.say = function () {
        return "hello,angular!";
```

```
        }
    }
angular.module('a6_4', [])
    .factory('$ student', function () {
        return new student();
    })
```

6.2.3　使用 constant()和 value()方法自定义服务

在 AngularJS 中，创建服务的方法除前面章节介绍的 $ provide 服务及模块中的
factory()、service()方法外，还有两个重要的创建服务的方法，分别是 constant()和 value()
方法，只是它们创建的服务常用来返回一个常量。其调用格式分别如下。

constant()方法调用格式为：

```
app. constant(name, value)
```

在上述代码中，app 为已构建的模块变量，参数 name 表示创建服务的名称，value 是一
个常量，表示与服务名对应的常量值或对象，当注入该服务后，可以直接调用服务名对应的
常量。

value()方法调用格式为：

```
app. value(name, value)
```

上述代码中的参数与 constant()方法基本相同，在此不再赘述。

接下来通过一个简单的示例演示使用 constant()和 value()方法自定义服务的过程。

示例 6-5　使用 constant()和 value()方法自定义服务

（1）功能说明。

在视图模板中，分别添加两个 div 元素，用于显示注入服务后获取的内容，在页面的模
板代码中，分别调用 constant()和 value()方法创建两个服务，用于控制器代码的注入。

（2）实现代码。

在 WebStorm 开发工具中，新建一个 HTML 文件 6-5. html，加入如代码清单 6-5 所示
的代码。

代码清单 6-5　使用 constant()和 value()方法自定义服务

```
<!doctype html>
<html ng - app = "a6_5">
<head>
    <title>使用 constant()和 value()方法自定义服务</title>
    <script src = "Script/angular.min.js"
```

```
                    type = "text/javascript"></script>
        <style type = "text/css">
            body {
                font - size: 12px;
            }
            .show {
                background - color: #ccc;
                padding: 8px;
                width: 260px;
                margin: 10px 0px;
            }
        </style>
    </head>
    <body>
        <div ng - controller = "c6_5">
            <div class = "show">
                图书 ISBN 号:{{BOOK}}
            </div>
            <div class = "show">
                美元兑换价:{{USD}}
            </div>
        </div>
        <script type = "text/javascript">
        angular.module('a6_5', [])
            .constant('$ISBN', {
                BOOK: "978745432345"
            })
            .value('$RATE', {
                USD: 614.28
            })
            .controller('c6_5',
                function ($scope, $ISBN, $RATE) {
                    var n = 600;
                    angular.extend($RATE, {USD: n});
                    $scope.BOOK = $ISBN.BOOK;
                    $scope.USD = $RATE.USD;
                }
            );
        </script>
    </body>
</html>
```

（3）页面效果。

执行的效果如图 6-5 所示。

（4）代码分析。

在本示例的代码中,先分别调用模块对象的 constant()和 value()方法,创建两个名为
$ISBN 和 $RATE 的服务。由于这两个服务返回的都是常量,因此,在控制器中注入这两
个服务之后,同样也实例化成一个服务对象,以对象属性的方式获取常量值,还能使用

图 6-5　使用 constant()和 value()方法自定义服务

angular.extend()方法对服务对象中的常量值进行重置,页面中显示的 600 就是重置后的值。

　　虽然使用 constant()和 value()方法创建的服务常用于返回常量,并且在注入到控制器后,都可以通过 angular.extend()方法进行重置,但它们两者之者最重要的区别是:使用constant()方法创建服务返回的常量可以被注入到配置函数(config)中,而 value()方法创建服务返回的值则不能注入。根据这一现象,constant()方法常用于创建配置数据,而value()方法则常用于创建对象和函数,与之前介绍的 factory()、service()方法在大部分功能上是完全可以替换的。

6.3　管理服务的依赖

　　当在 AngularJS 中创建自己的服务时,可能还需要依赖其他对象的注入,这种注入的方式与控制器注入其他对象一样,可以在创建服务的方法参数中隐式指明,也可以采用在方法参数中添加数组进行说明的方式,或者将需要注入的对象名定义为数组,并设置成 $inject属性值。此外,还可以在自定义的服务中将另外一个自定义的服务作为依赖项进行注入,形成嵌套服务的形式。接下来详细介绍这些服务依赖项的管理。

6.3.1　添加自定义服务依赖项的方法

　　在前面创建服务时,由于代码相对简单,并没有注入其他的依赖项,但在创建复杂的服务时,可能需要在自定义服务中添加其他各类对象或服务,而添加的方式有下列三种。

1. 隐式指明

　　所谓隐式指明,指的是在创建服务的函数中,直接在参数中调用,不进行任何声明。这种方式在代码进行压缩时,注入的对象有可能失效,代码如下所示。

```
app.factory('ServiceName', function(dep1, dep2) {});
```

上述代码中,app表示构建好的应用模块,'ServiceName'表示服务名称,dep1和dep2分别表示依赖注入的服务或对象名称。

2. 调用$inject属性

将需要注入服务的各种对象名包装成一个数组,并将它作为$inject属性值。这种方式由于执行的效率很低,因此不推荐使用,代码如下所示。

```
var sf = function(dep1, dep2) {};
sf.$inject = ['dep1', 'dep2'];
app.factory('ServiceName', sf);
```

在上述代码中,sf表示服务执行的函数,将该函数的$inject属性值设置成为依赖注入的对象名称,当使用创建服务方法时,属性值对应的数组将随函数一起注入到服务中。

3. 显式声明

所谓显式声明,指的是在创建服务的函数中,添加一个数组,在数组中按顺序声明需要注入的服务或对象名称。这种方式既高效,又不会丢失代码,推荐使用,代码如下所示。

```
app.factory('ServiceName',[ 'dep1', 'dep2', function(dep1, dep2) {}]);
```

上述代码中的参数与隐式指明的方式相同,在此不再赘述。需要说明的是,数组中声明的对象顺序必须和函数中参数的顺序一致,否则就会出现错误异常。

接下来通过一个示例演示添加自定义服务依赖项方法的过程。

示例6-6　添加自定义服务依赖项的方法

(1) 功能说明。

在视图模板中,分别添加一个div和button元素,当单击按钮时,调用自定义的服务,弹出一个带有"确定"和"取消"按钮的对话框,单击任何按钮都将结果显示在div元素中。

(2) 实现代码。

在WebStorm开发工具中,新建一个HTML文件6-6.html,加入如代码清单6-6所示的代码。

代码清单6-6　添加自定义服务依赖项的方法

```
<!doctype html>
<html ng-app="a6_6">
<head>
    <title>添加自定义服务依赖项的方法</title>
    <script src="Script/angular.min.js"
            type="text/javascript"></script>
    <style type="text/css">
        body {
            font-size: 12px;
        }
        .show {
```

```
                background-color: #ccc;
                padding: 8px;
                width: 260px;
                margin: 10px 0px;
            }
        </style>
    </head>
    <body>
        <div ng-controller="c6_6">
            <div class="show">
                您选择的是:{{result}}
            </div>
            <button ng-click="confirm('你真的要删除这条记录吗?')">
                删除
            </button>
        </div>
        <script type="text/javascript">
            angular.module('a6_6', [])
                .service('$notify', ['$window',
                    function ($win) {
                        return function (msg) {
                            return $win.confirm(msg) ?
                                "确定" : "取消";
                        }
                    }
                ])
                .controller('c6_6', [
                    '$scope', '$notify',
                    function ($scope, $notify) {
                        $scope.confirm = function (msg) {
                            $scope.result = $notify(msg);
                        };
                    }
                ]);
        </script>
    </body>
</html>
```

（3）页面效果。

执行的效果如图 6-6 所示。

（4）代码分析。

在本示例的代码中，先调用模块的 service()方法，此处也可以调用 factory()方法创建一个名为 $notify 的服务，由于该服务需要弹出一个带有"确定"和"取消"按钮的对话框，因此，需要在服务中注入一个 window 对象。

注入 window 对象的方式是显式声明，即在创建服务的函数中添加一个数组，在数组中指明需要注入的对象为 $window，与数组中这个指明的对象相对应的是函数中的 $win 参数，它们之间名称可以不一样，但对应的顺序必须一样。因此，函数中的 $win 参数就是被

图 6-6　添加自定义服务依赖项的方法

注入的 $window 对象,调用该对象中的 confirm() 方法,根据单击按钮的不同返回相应的字符信息。

需要说明的是,当在控制器中采用显式声明方式添加依赖项时,与添加服务的依赖项相关,通过添加数组,并保持数组中对象的顺序与函数中参数的顺序一致,即数组中的'$scope'和'$notify'名称与函数中的 $scope 和 $notify 是一一对应的,否则,将会出现异常。

6.3.2　嵌套注入服务

在 AngularJS 的自定义服务中,除需要注入特定的对象或服务外,还可能需要将一个自定义服务注入另外一个自定义服务中,形成嵌套注入的形式。这种情形常出现在创建复杂服务的过程中,处理方式非常简单,只需把被注入的服务作为内置服务,采用显式声明的方式注入即可。

接下来通过一个简单的示例演示处理嵌套注入服务的过程。

示例 6-7　嵌套注入服务

(1) 功能说明。

在视图模板中,分别添加两个名为"提示框"和"询问框"的 button 按钮,当单击不同按钮时,调用自定义的嵌套服务,并在页面中弹出相应的对话框。

(2) 实现代码。

在 WebStorm 开发工具中,新建一个 HTML 文件 6-7.html,加入如代码清单 6-7 所示的代码。

代码清单 6-7　嵌套注入服务

```
<!doctype html>
<html ng-app="a6_7">
<head>
```

```html
        <title>嵌套注入服务</title>
        <script src = "Script/angular.min.js"
            type = "text/javascript"></script>
        <style type = "text/css">
            body {
                font - size: 12px;
            }
            .show {
                background - color: #ccc;
                padding: 8px;
                width: 260px;
                margin: 10px 0px;
            }
        </style>
    </head>
    <body>
        <div ng - controller = "c6_7">
            <button ng - click = "ask(false,'您输入的内容不正确!')">
                提示框
            </button>
            <button ng - click = "ask(true,'你真的要删除这条记录吗?')">
                询问框
            </button>
        </div>
        <script type = "text/javascript">
            angular.module('a6_7', [])
                .factory('$confirm', [
                    '$window',
                    function ($win) {
                        return function (msg) {
                            $win.confirm(msg);
                        }
                    }
                ])
                .service('$notify', [
                    '$window', '$confirm',
                    function ($win, $con) {
                        return function (t, msg) {
                            return (t) ? $con(msg) : $win.alert(msg);
                        }
                    }
                ])
                .controller('c6_7',
                    function ($scope, $notify) {
                    $scope.ask = function (t, msg) {
                        $notify(t, msg);
                    }
                });
        </script>
    </body>
</html>
```

（3）页面效果。

执行的效果如图 6-7 所示。

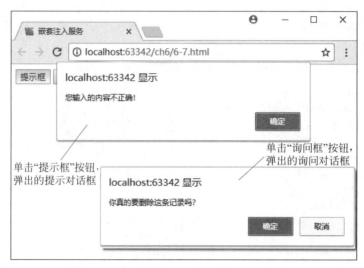

图 6-7　嵌套注入服务

（4）代码分析。

在本示例的代码中，首先，调用模块的 factory()方法，创建一个名为 $confirm 的服务，在创建过程中，以显式声明的方式注入名称为 $window 的对象，调用该对象的 confirm()方法，实现弹出询问对话框的功能。

然后，调用模块的 service()方法，创建另一个名为 $notify 的服务，在创建过程中，同样以显式声明的方式分别注入 $window 对象和 $confirm 服务，并根据参数 t 的值，调用 $confirm 服务中的 confirm()方法和 $window 对象中的 alert()方法。

最后，在控制器代码中注入名为 $notify 的服务，并将服务对象返回的函数与视图模板中的按钮单击事件进行绑定，根据参数 t 传来的值，执行不同的弹出对话框方法，并将参数 msg 传来的内容显示在弹出的对话框中，完整效果如图 6-7 所示。

6.4　添加服务的其他设置

在 AngularJS 中，创建好的服务就是一项数据请求和处理的集合，如果在后续开发中要修改，相对来说是非常困难的，特别是一些内置的服务，修改这些服务可能要改动整体 AngularJS 的框架文件，面临的风险非常高。

针对上述问题，在 AngularJS 中，专门为服务添加了一些设置项，如修饰器（decorator），通过它可以在不修改原有服务代码的情况下，添加一些其他的功能。此外，服务对象在调用过程中是单例的，也可以通过修改代码的方式返回非单例的服务对象。

6.4.1　服务的装饰器

所谓装饰器，指的是 AngularJS 中内置服务 $provide 所特有的一项设置函数，通过它可以拦截服务在实例化时创建的一些功能，并且可以对原有的服务功能进行优化和替代。可以说，装饰器的功能非常强大，目前常用于对自定义服务或内置服务功能的扩展，其调用格式如下。

```
$ provide.decorator('ServiceName', Fn)
```

在上述代码中，$provide 表示注入后的创建服务对象，ServiceName 表示将要拦截的服务名称，Fn 表示服务在实例化时调用的函数。在执行该函数时，需要添加一个名为 $delegate 的参数，该参数代表服务实例化后的对象，服务的新功能就是通过这个对象进行扩展和优化的。

接下来通过一个完整的示例演示使用服务的装饰器的过程。

示例 6-8　服务的装饰器

（1）功能说明。

在视图模板中，分别添加三个 div 元素，前两个 div 元素用于绑定并显示自定义服务返回的内容，后一个 div 元素则绑定并显示服务装饰器扩展后的字符内容。

（2）实现代码。

在 WebStorm 开发工具中，新建一个 HTML 文件 6-8. html，加入如代码清单 6-8 所示的代码。

代码清单 6-8　服务的装饰器

```html
<!doctype html>
<html ng-app = "a6_8">
<head>
    <title>服务的装饰器</title>
    <script src = "Script/angular.min.js"
            type = "text/javascript"></script>
    <style type = "text/css">
        body {
            font-size: 12px;
        }
        .show {
            background-color: #ccc;
            padding: 8px;
            width: 260px;
            margin: 10px 0px;
        }
    </style>
</head>
<body>
    <div ng-controller = "c6_8">
        <div class = "show">
            姓名:{{stu.name}}
        </div>
```

```
          < div class = "show">
              邮件:{{stu.email}}
          </div >
          < div class = "show">
              主题:{{stu.title}}
          </div >
      </div >
  < script type = "text/javascript">
      angular.module('a6_8', [])
          .factory('$student',
              function () {
                  return {
                      name: '陶国荣',
                      email: 'tao_guo_rong@163.com'
                  }
              }
          )
          .config(function ($provide) {
              $provide.decorator('$student',
                  function ($delegate) {
                      $delegate.title = 'hello,AngularJS!';
                      return $delegate;
                  })
              }
          )
          .controller('c6_8',
              function ($scope, $student) {
                  $scope.stu = $student;
              }
          );
  </script >
</body >
</html >
```

（3）页面效果。

执行的效果如图 6-8 所示。

图 6-8 服务的装饰器

（4）代码分析。

在本示例的代码中，首先，创建一个名为 $student 的服务，它的功能是返回一个包含两项属性内容的 JSON 对象，当在控制器代码中注入该服务后，并将服务返回的对象作为模型属性 stu 的值，因此，在视图模板中，通过绑定元素的方式，将服务的属性内容显示在元素中。

然后，为了向服务中添加一个名为 title 的属性，进一步扩展 $student 服务的功能，调用 $provide 服务中的 decorator() 函数，通过函数中的 $delegate 参数去访问原服务中的对象。由于 $delegate 参数是原来 $student 服务的实例，因此该参数代表原服务中的 JSON 对象，向它添加属性，就是向原服务中的 JSON 对象添加内容。当通过修饰器向原服务扩展一个名为 title 的属性内容后，就成为原服务中的一部分，通过绑定方式就可以显示在页面元素中。

6.4.2 服务的多例性

虽然服务返回的都是一个单例的对象，这也是我们所期望的结果，但这并不表示服务并不能返回多例的对象，只是这样的应用场景非常少，一个服务完全也可以在每次调用时实例化一次对象。

接下来通过一个简单的示例说明服务是如何做多例性的。

示例 6-9 服务的多例性

（1）功能说明。

在视图模板中，添加两个 div 元素，并通过元素的 ng-controller 指令设置成两个不同的作用域，并且将它们与两个不同的控制器绑定，在两个控制器中都注入相同的服务，并将服务返回的数据内容分别显示在作用域对应的模板元素中，在第一个作用域中，当单击"重置"按钮时，对应模板显示的数据都将恢复到初始内容。

（2）实现代码。

在 WebStorm 开发工具中，新建一个 HTML 文件 6-9.html，加入如代码清单 6-9 所示的代码。

代码清单 6-9 服务的多例性

```
<!doctype html>
<html ng-app="a6_9">
<head>
    <title>服务的多例性</title>
    <script src="Script/angular.min.js"
            type="text/javascript"></script>
    <style type="text/css">
        body {
            font-size: 12px;
        }
        .show {
            background-color: #ccc;
```

```
            padding: 8px;
            width: 260px;
            margin: 10px 0px;
        }
    </style>
</head>
<body>
    <div ng-controller="c6_9_1">
        <div class="show">
            编号:{{stu.code}}
        </div>
        <div class="show">
            姓名:{{stu.name}}
        </div>
        <div class="show">
            分数:{{stu.score}}
        </div>
        <button ng-click="reset()">
            重置
        </button>
    </div>
    <div ng-controller="c6_9_2">
        <div class="show">
            编号:{{stu.code}}
        </div>
        <div class="show">
            姓名:{{stu.name}}
        </div>
        <div class="show">
            分数:{{stu.score}}
        </div>
    </div>
    <script type="text/javascript">
        function student(json) {
            angular.extend(this, json);
            this.reset = function () {
                this.code = 1000;
                this.name = "张三";
                this.score = 0;
            }
        }
        student.create = function () {
            return new student({
                code: 1001,
                name: "王心明",
                score: 98
            });
        }
        angular.module('a6_9', [])
```

```
            .factory('$student',
                function () {
                    return {
                        create: student.create
                    }
                })
            .controller('c6_9_1',
                function ($scope, $student) {
                    $scope.stu = $student.create();
                    $scope.reset = function () {
                        $scope.stu.reset();
                    };
                })
            .controller('c6_9_2',
                function ($scope, $student) {
                    $scope.stu = $student.create();
                });
    </script>
</body>
</html>
```

（3）页面效果。

执行的效果如图 6-9 所示。

图 6-9　服务的多例性

（4）代码分析。

在本示例的代码中,首先,定义一个名为 student 的对象。在定义过程中,通过传入的 json 参数调用 AngularJS 中的 extend() 方法初始化对象自身的一些属性值,同时,在对象中创建了一个名为 reset() 的实例方法,用于单击"重置"按钮时的调用。

然后,再向 student 的对象添加一个名为 create() 的类方法,用于创建新的 student 对象,并可以在实例中重置自己的内容。

最后,创建一个名为 $ student 的服务,并将 student 对象的 create() 方法作为服务返回的函数,因此,当在两个控制器中分别注入这个服务后,并将模型属性 stu 的值设置为服务对象的 create() 方法,每次调用 stu 属性时都会新创建一个 student 对象。

虽然注入的服务相同,但服务返回的对象都是新创建的,因此,当单击第一个作用域中的"重置"按钮时,只将对应域下的数据进行了重置,而并没有改变其他域下的数据,因为这两个作用域绑定的是两个内容相同的实例。

通过上面的这个示例可以看出,即使注入的服务是单例的,但返回的服务对象却是多例的。需要说明的是,这种情形只是验证服务可以实现多例的数据,但在实际使用时,并不常用。

6.5 本章小结

服务是 AngularJS 中一个非常重要的概念,也是学习 AngularJS 必须要掌握的知识点,因此,本章主要围绕服务展开介绍。先从介绍服务的类型开始,接着采用由浅入深的方式,通过一个个精选的示例介绍了服务创建的方法,并讲解了如何管理服务注入时的依赖关系,最后,还介绍了修改一个服务时需要调用的装饰器功能,并对创建多例的服务也进行了详细的说明。本章旨在使读者了解并掌握如何创建一个服务的方法,为开发 AngularJS 应用打下基础。

第 7 章

AngularJS与服务端交互

本章学习目标
- 理解 AngularJS 中 $http 快捷方式的原理和使用；
- 掌握 AngularJS 中 $resource 服务的定义和使用；
- 掌握 AngularJS 中 promise 对象的原理和应用方法。

7.1 与服务端交互介绍

如果仅仅使用 JavaScript 代码，需要实现与服务端的数据通信，那么，会使用 Ajax 方式，初始化 XHR 对象，调用对象的 send() 方法发送数据请求，并以异步的方式获取请求返回内容。使用这种方法非常普遍，而 AngularJS 中的 $http 服务则是将这种方法进行了简单的封装，打包成一个服务模块的形式，提供给开发者使用。接下来详细介绍它们执行的过程。

7.1.1 传统的 Ajax 方式与服务端交互

众所周知，在 JavaScript 代码中，可以通过 XHR 对象中的 send() 方法，向服务端发送请求，而这里的 XHR 对象是 XMLHttpRequest 的缩写，该对象目前在各个主流浏览器中都得到了很好的支持，只是在低版本的 IE 6 以下的浏览器中，需要调用 ActiveXObject 对象来代替它，因此，在使用 XHR 对象时，需要注意写法上的兼容性。

接下来通过一个完整的示例演示传统 Ajax 方式与服务端交互的过程。

示例 7-1 传统的 Ajax 方式与服务端交互

（1）功能说明。

在页面中，添加一个 ul 列表元素，用户显示服务端请求后返回的数据，当页面在加载时，将会调用 XHR 对象，向指定的服务端地址发送请求，客户端异步响应服务端返回的结果，并将结果显示在页面的 ul 列表元素中。

（2）实现代码。

在 WebStorm 开发工具中,新建一个 HTML 文件 7-1. html,加入如代码清单 7-1 所示的代码。

代码清单 7-1　传统的 Ajax 方式与服务端交互

```html
<!DOCTYPE html>
<html>
<head>
    <title>传统的 Ajax 方式与服务端交互</title>
    <link href = "Css/css7.css" rel = "stylesheet"/>
</head>
<body>
    <div class = "frame">
        <ul id = "stuInfo">
            <li>正在加载中...</li>
        </ul>
    </div>
    <script type = "text/javascript">
        (function () {
            var xhr = null;
            if (window.ActiveXObject) {
                xhr = new ActiveXObject("Microsoft.XMLHTTP")
            } else if (window.XMLHttpRequest) {
                xhr = new XMLHttpRequest()
            }
            xhr.onreadystatechange = function () {
                if (xhr.readyState == 4) {
                    if (xhr.status == 200) {
                        var HTML = "";
                        var data = eval("(" + xhr.responseText + ")");
                        for (var i = 0; i < data.length; i++) {
                            HTML += "<li><span>" + data[i].Code +
                                    "</span>";
                            HTML += "<span>" + data[i].Name +
                                    "</span>";
                            HTML += "<span>" + data[i].Score +
                                    "</span></li>"
                        }
                        document.getElementById("stuInfo")
                            .innerHTML = HTML;
                    }
                }
            }
            xhr.open("GET", "data/stu.php", true);
            xhr.send();
        })();
    </script>
</body>
</html>
```

在上述的页面代码中,XHR 对象向服务端的一个名为 stu 的 PHP 文件发送了请求,该文件主要是将整合后的数组对象返回给调用的客户端页面。stu.php 文件的代码清单如下。

```php
<?php
header("Content - type: text/json");
$stulist = array (
    array("Code" => "10101",
        name => "刘真真", "Score" => "530"),
    array("Code" => "10102",
        name => "张明基", "Score" => "460"),
    array("Code" => "10103",
        name => "舒虎", "Score" => "660"),
    array("Code" => "10104",
        name => "周小敏", "Score" => "500"),
    array("Code" => "10105",
        name => "陆明明", "Score" => "300"),
);
echo json_encode($stulist);
?>
```

此外,在本示例的页面代码中,还导入了一个名为 css7 的样式文件,它的功能是布局第 7 章示例的页面结构和元素展示的样式。css7.css 文件的代码清单如下。

```css
.frame {
        font - size: 12px;
        width: 320px;
        float: left;
    }
    ul {
        list - style - type: none;
        padding: 0;
        margin: 0;
    }
        ul li {
            background - color: #f3f1f1;
            padding: 8px;
            float: left;
            border - bottom:solid 1px #666
        }
            ul li span {
                text - align: left;
                width: 86px;
                height:18px;
                line - height:18px;
                float:left;
            }
```

```
.show {
    width: 260px;
    padding: 8px;
    background - color: #eee;
}
    .show .tip {
        font - size: 9px;
        color: #666;
        margin: 8px 3px;
    }
```

（3）页面效果。

执行的效果如图 7-1 所示。

图 7-1　传统的 Ajax 方式与服务端交互

（4）代码分析。

在本示例的 JavaScript 代码中，为了实现前端静态页面与服务端的数据通信功能，首先，定义一个名为 XHR 的全局性对象，并针对不同的浏览器，实例化不同的对象并赋值给它。

然后，调用 XHR 对象的 open()方法初始化 HTTP 请求的参数后，再通过 send()方法向服务端发送初始化后的 HTTP 请求。

最后，绑定 XHR 对象的 readystatechange 事件，它是一个异步的事件，可以时刻侦察 XHR 对象发送请求后的 readyState 状态值，如果状态值为 4，则表示请求成功，并且说明客户端页面已经完全接收了服务端返回的数据，此时，XHR 对象的 responseText 属性就是服务端的返回体。

在本示例中，由于服务端返回的是一个加密后的 JSON 对象，因此，在解析服务端返回体时，先调用 eval()函数转码成一个对象，再遍历该对象，获取每项数据信息以累加形式保存至变量 HTML 中，并最终将该变量的内容显示在页面 ul 元素中。

7.1.2　使用＄http快捷方式与服务端交互

在 AngularJS 中，页面与服务端交互的主要方式是调用＄http服务模块，该模块的底层封装了 JavaScript 中的 XMLHttpRequest 对象，并只接收一个对象作为参数，用于收集生成 HTTP 请求的配置内容，同时，返回一个 promise 对象，该对象拥有名为 success() 和 error() 的两个回调方法，此外，根据请求类型的不同，＄http 模块提供了不同的调用方式，其通用的格式如下。

```
//1.5.0 版之前的请求方式
＄http.请求类型(url,[data],[config])
    .success(data,status,headers,config)
    {//成功后的操作}
    .error(data,status,headers,config)
    {//错误时的操作}

//1.5.0 版以后的请求方式
＄http.请求类型(url,[data],[config])
        .then(function(data,status,headers,config)
            {//成功后的操作},
            function(data,status,headers,config)
            {//错误时的操作}
        )
```

在上述调用格式代码中，参数 url 表示一个相对或绝对的服务端请求路径，而请求类型包括 POST、GET、JSONP、DELETE、PUT、HEAD 6 种常见的请求方式，其中 POST 和 PUT 类型请求可以通过可选项参数 data 发送数据，除发送数据外，还可以通过可选项参数 config 设置请求时传递的数据。

当＄http 请求成功时，可以在回调的 success() 方法中获取服务端返回的数据和相关信息，其中，data 参数表示返回体，通常是请求返回的结果集；status 表示请求后返回的状态值；headers 表示请求后返回的头函数，用来显示返回请求的头部信息；config 是一个对象，通过该对象，可以获取发送 HTTP 请求时完整的配置信息。

接下来通过一个完整的示例演示使用＄http 快捷方式与服务端交互的过程。

示例 7-2　使用＄http 快捷方式与服务端交互

（1）功能说明。

在页面中，添加一个 button 按钮，当单击该按钮时，将调用＄http 服务中的 POST 方式向服务端发送一个名为 name 的数据，服务端将根据接收的值与设定值是否匹配，向客户端返回不同的验证结果，客户端将返回的内容显示在页面的 div 元素中。

（2）实现代码。

在 WebStorm 开发工具中，新建一个 HTML 文件 7-2.html，加入如代码清单 7-2 所示的代码。

代码清单 7-2　使用 $ http 快捷方式与服务端交互

```html
<!DOCTYPE html>
<html ng-app="a7_2">
<head>
    <title>使用$http快捷方式与服务端交互</title>
    <script src="Script/angular.min.js"></script>
    <link href="Css/css7.css" rel="stylesheet"/>
</head>
<body>
<div class="frame"
    ng-controller="c7_2">
    <div class="show">
        <div class="tip">
            POST返回的结果是:{{result}}
        </div>
        <button ng-click="onclick()">
            发送
        </button>
    </div>
</div>
<script type="text/javascript">
    angular.module('a7_2', [])
        .config(function ($httpProvider) {
            $httpProvider.defaults.transformRequest =
                function (obj) {
                    var arrStr = [];
                    for (var p in obj) {
                        arrStr.push(encodeURIComponent(p) + "="
                            + encodeURIComponent(obj[p]));
                    }
                    return arrStr.join("&");
                }
            $httpProvider.defaults.headers.post = {
                'Content-Type':
                'application/x-www-form-urlencoded'
            }
        })
        .controller('c7_2', function ($scope, $http) {
            var postData = {name: "陶国荣"}
            $scope.onclick = function () {
                $http.post('data/post.php', postData)
                .then(function (res, status, headers, config) {
                    $scope.result = res.data;
                });
            }
        });
</script>
</body>
</html>
```

（3）页面效果。

执行的效果如图 7-2 所示。

图 7-2　使用 ＄http 快捷方式与服务端交互

（4）代码分析。

在本示例的 JavaScript 代码中，为了能将客户端中的数据以 POST 方式通过 ＄http 服务发送到服务端，需要调用 config（）方法，注入 ＄httpProvider 服务，并调用该服务对象分别重置发送数据时的默认函数 transformRequest（）和属性 Content-Type 的值。

在重置 transformRequest（）函数时，对 HTTP 发送体的内容进行转码，并对转码后的内容进行序列化操作，便于发送时的数据传输和服务端的接收；此外，由于是 POST 数据请求，因此，还必须将请求头信息中的 Content-Type 属性值重置为 application/x-www-form-urlencoded 编码格式，否则，无法将客户端的数据以 POST 方式发送给服务端。

最后，服务端接收到了客户端发送过来的数据，并根据默认值进行匹配，再将匹配后的结果返回至客户端，客户端将在 success（）方法中，通过 data 参数获取服务端返回的数据体，并最终将该数据体的内容显示在视图页面的元素中。

7.1.3　使用 ＄http 配置对象方式与服务端交互

在 7.1.2 节中介绍了使用 ＄http 快捷方式与服务端交互的过程，这种方式虽然简便，但配置时缺少灵活性，代码量也不少。针对这种情况，可以将 ＄http 服务模板当成一个函数来使用，将构造 XHR 对象的所有配置项作为一个对象，并将对象定义为函数的形参，在调用时，只需修改形参对象中的各属性值即可，具体的调用格式如下所示。

```
＄http（{
    method：
    url：
    data：
    params：
    transformRequest：
    transformResponse：
    cache：
    timeout：
}）
```

在上述代码中,$http()函数中的形参就是一个配置对象。在该对象中,method 属性表示 HTTP 请求时的方式,它是一个字符串,值是 POST、GET、JSONP、DELETE、PUT、HEAD 其中之一;url 表示向服务器请求的地址,是一个相对或绝对的字符串形式。

data 属性是一个对象,该对象将作为消息体的一部分发送给服务端,常用于 POST 或 PUT 数据时使用;params 属性是一个字符串或对象,当发送 HTTP 请求时,如果是对象,将自动按 JSON 格式进行序列化,并追加到 URL 的后面,作为发送数据的一部分,传递给服务器。

transformRequest 用于对请求体头信息和请求体进行序列化转换,并生成一个数组发送给服务端,而 transformResponse 则用于对响应体头信息和响应体进行反序列化转换,其实质就是解析服务器发送来的被序列化后的数据。

cache 和 timeout 属性比较容易理解,前者表示是否对对象 HTTP 请求返回的数据进行缓存,如果该值为 true,则表示需要缓存,否则不缓存;后者表示延迟发送 HTTP 请求的时间,单位是毫秒。

接下来通过一个完整的示例演示使用$http 配置对象的方式与服务端进行数据交互。

示例 7-3 使用$http 配置对象方式与服务端交互

(1) 功能说明。

在新建的页面中,添加一个文本框和按钮,当用户在文本框中输入数字后,单击按钮,则调用$http()函数向服务端发送 HTTP 请求,验证数字的奇偶性,并将验证结果显示在页面元素中。

(2) 实现代码。

在 WebStorm 开发工具中,新建一个 HTML 文件 7-3.html,加入如代码清单 7-3 所示的代码。

代码清单 7-3 使用$http 配置对象方式与服务端交互

```
<!DOCTYPE html>
<html ng-app="a7_3">
<head>
    <title>使用$http配置对象方式与服务端交互</title>
    <script src="Script/angular.min.js"></script>
    <link href="Css/css7.css" rel="stylesheet"/>
</head>
<body>
    <div class="frame" ng-controller="c7_3">
        <div class="show">
            <input type="text" ng-model="num"/>
            <button ng-click="onclick()">
                验证奇偶
            </button>
            <div class="tip">
                您输入的是:{{result}}
            </div>
        </div>
```

```
            </div>
        </div>
        <script type = "text/javascript">
            angular.module('a7_3', [])
                .controller('c7_3', function ( $ scope, $ http) {
                    $ scope.num = 0;
                    $ scope.result = "偶数";
                    $ scope.onclick = function () {
                        $ http({
                            method: 'GET',
                            url: 'data/chk.php',
                            params: {
                                n: $ scope.num
                            }
                        }).then(function (res, status,
                            headers, config) {
                            $ scope.result = res.data;
                        })
                    }
                });
        </script>
    </body>
</html>
```

（3）页面效果。

执行的效果如图 7-3 所示。

图 7-3　使用 $ http 配置对象方式与服务端交互

（4）代码分析。

在本示例的 JavaScript 代码中，当用户单击按钮时，触发按钮绑定的 onclick()方法。在该方法中，调用 $ http()函数，并以配置对象的方式向函数传递实参，如 method、url 等属性值。由于采用的是 GET 方式请求，因此，通过 params 属性将文本框中的值以 key/value 的形式传递给服务器，即在本示例中，请求的 URL 最终内容为 http://localhost/Ch7/data/chk.php？n＝87，其中 n 为键名，87 值为键值，也就是文本框中用户输入的数字。

当＄http()函数发送 HTTP 请求之后,可以通过 success()方法获取服务器返回的数据内容和其他头信息,如 data 则是返回的数据,绑定页面元素后,则可以直接显示在页面中。

另外,在 AngularJS 中,执行＄http()函数后,它的返回内容其实是一个 promise 对象(关于 promise 对象的概念,在 7.4 节中有详细的介绍),因此,可以直接通过链式的写法调用 then()方法获取成功和异常后的数据。下面两段代码的功能是相等的。

```
＄http({
         //配置对象
    })
.success(fn1)
.error(fn2)
```

等价于

```
＄http({
         //配置对象
    })
.then(fn1,fn2)
```

其中,fn1 和 fn2 分别表示请求成功和错误时的返回函数。需要说明的是,虽然两者的功能都相同,但使用 then()方法可以接收到服务端的完整响应对象,而 success()和 error()方法只是接收解析并处理后的响应对象,也就是说 then()方法获取的返回对象更原始和完整。

7.2 AngularJS 中的缓存

缓存是 Web 开发中一个非常重要的概念,它的核心组成是一个键(key)/值(value)存储集合,其中,一个键对应一块缓存内容。如果需要请求块缓存内容时,发现对应的键存在且有效,则直接通过键返回对应的缓存内容;如果发现对应的键不存在或无效,则重新获取原始数据,并根据键名将对应的缓存内容写入存储集合中,以便下次使用。

缓存的功能就是加快获取内容的速度,减少重复请求,这是一项非常重要的作用,因此,在 AngularJS 框架中,提供了专门的服务——＄cacheFactory 来生成缓存对象,同时,＄http 服务中还可以开启缓存、自定义默认缓存名称。接下来逐一进行详细的介绍。

7.2.1 使用＄cacheFactory 服务创建缓存对象

使用＄cacheFactory 服务创建缓存对象的方法非常简单,因为绝大部分的缓存都是以 key/value 形式存储的,因此,只需要调用＄cacheFactory 服务来创建一个缓存的 key 名,即缓存唯一的 ID 号就创建了一个缓存对象,创建格式如下。

```
＄cacheFactory(key,[options])
```

在上述代码中,参数 key 表示缓存对象的名称;可选项参数 options 是一个对象,用于指定缓存的特征,在通常情况下,在这个对象中将添加一个 capacity 属性,它是一个数字,用于说明缓存的最大容量,如该值为 3,表示它只能缓存前 3 次请求,进入第 4 次时,自动将使用最少的内容从缓存中删除。整个方法返回一个指定键名的缓存对象,通过 get()方法可以访问这个对象,代码如下。

```
$ cacheFactory.get(key)
```

创建或获取缓存对象后,就可以使用对象本身的方法进行缓存的操作,下面介绍具体方法。

1. info()方法

该方法返回缓存对象的一些信息,包括大小、名称。代码如下。

```
var cache = $ cacheFactory("test");
console.log(cache.info());
```

在上述代码中,第 1 行创建了一个名为 test 的缓存对象,并将该对象保存至 cache 变量中,第 2 行调用对象的 info()方法,在控制台中输出缓存对象的大小和名称信息。输出的内容如下。

```
Object {id: "test", size: 0}
```

因为只是创建了一个名为 test 的缓存对象,还没有写入内容,因此,它的大小为 0。

2. put()方法

该方法可以向缓存对象中以 key/value 的形式添加缓存内容,代码如下。

```
cache.put("c1", "hello");
console.log(cache.put("c1", "hello"));
```

上述代码第 1 行表示通过调用 put()方法向 cache 缓存对象中添加了一个键名为 c1、键值为 hello 的缓存内容,整个方法还将返回添加后的键值,因此,第 2 行代码将返回 hello。

3. get()方法

该方法可以获取键名对应的键值内容,代码如下所示。

```
console.log(cache.get("c1"));
console.log(cache.get("c2"));
```

在上述代码中,第 1 行将输出键名为 c1 对应的值,即 hello,第 2 行由于没有添加名为 c2 的键名,因此,找不到对应的键值,则返回一个 undefined 字符。

4. remove()方法

该方法可以移除指定键名的缓存,代码如下所示。

```
cache.remove("c1");
console.log(cache.get("c1"));
```

在上述代码中,第 1 行表示移除键名为 c1 对应的缓存内容,由于已经移除了键名为 c1 的缓存,因此,在第 2 行中控制台将输出 undefined 字符。

5. removeAll()和 destory()方法

removeAll()方法用于移除全部的缓存内容,并重置缓存结构；destory()方法则是从 $cacheFactory 缓存注册表中删除所有的缓存引用条目,并重置缓存对象。

接下来通过一个完整的示例演示使用 $cacheFactory 服务创建缓存对象的过程。

示例 7-4　使用 $cacheFactory 服务创建缓存对象

(1)功能说明。

在新建的页面中,添加 3 个 button 按钮,单击第 1 个按钮时,将设置指定键名的缓存内容。单击第 2 个按钮时,将在页面中显示指定键名对应的键值,单击第 3 个按钮时,将删除指定键名的缓存内容,再次单击第二个按钮时,将显示"空值"字样。

(2)实现代码。

在 WebStorm 开发工具中,新建一个 HTML 文件 7-4.html,加入如代码清单 7-4 所示的代码。

代码清单 7-4　使用 $cacheFactory 服务创建缓存对象

```html
<!DOCTYPE html>
<html ng-app="a7_4">
<head>
    <title>使用 $cacheFactory 服务创建缓存对象</title>
    <script src="Script/angular.min.js"></script>
    <link href="Css/css7.css" rel="stylesheet"/>
</head>
<body>
    <div class="frame" ng-controller="c7_4">
        <div class="show">
            <input type="text" ng-model="cname" size="6"/>
            <button ng-click="cset()">设置</button>
            <button ng-click="cshow()">显示</button>
            <button ng-click="cdel()">删除</button>
            <div class="tip">缓存值是:{{cvalue}}</div>
        </div>
    </div>
    <script type="text/javascript">
        angular.module('a7_4', [])
            .service("cache", function ($cacheFactory) {
                    return $cacheFactory("test");
            })
            .controller('c7_4', function ($scope, cache) {
                $scope.cset = function () {
```

```
            cache.put("mytest", $ scope.cname);
        }
        $ scope.cshow = function () {
            var tcache = cache.get("mytest");
            $ scope.cvalue = tcache ? tcache : "空值";
        }
        $ scope.cdel = function () {
            cache.remove("mytest");
        }
    });
    </script>
</body>
</html>
```

（3）页面效果。

执行的效果如图 7-4 所示。

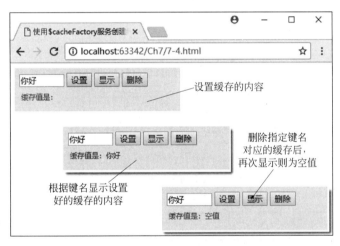

图 7-4　使用 $ cacheFactory 服务创建缓存对象

（4）代码分析。

在本示例的 JavaScript 代码中，首先，创建了一个名为 cache 的服务，该服务返回一个名为 test 的缓存对象，用于控制器中的注入。

然后，在控制器代码中，注入 cache 服务，获取缓存对象，同时，定义 3 个方法，分别绑定页面中的"设置""显示""删除"按钮。在绑定"设置"的方法中，使用 put()方法将文本框中的内容作为键名为 mytest 对应的键值添加到缓存中。

最后，在绑定"显示"的方法中，使用 get()方法先获取键名为 mytest 的缓存值，再检测该值是否为 undefined，如果是，则显示"空值"字样，否则，显示键名对应的缓存值；在绑定"删除"的方法中，使用 remove()方法直接移除指定键名的缓存内容。

7.2.2　$ http 服务中的缓存

在 AngularJS 中，当调用 $ http()方法与服务端行数据交互时，也能使用缓存，使用的方式是在配置对象中添加一个名为 cache 的属性,并将它的属性值设置为 true,表示开启请求缓存。

一旦开启了请求缓存,那么可以直接调用名为 $http 缓存对象的 get()方法,以请求的 URL 地址作为键名,获取每次发送 HTTP 请求后,缓存下来的返回数据,这个名为 $http 的缓存对象是在发送 HTTP 请求时,由 $cacheFactory 服务默认创建的,直接使用即可。

接下来通过一个完整的示例演示调用 $http 服务中缓存的过程。

示例 7-5　$http 服务中的缓存

(1) 功能说明。

在新建的页面中,添加两个 div 元素:第一个用于显示调用 $http()方法请求服务端后返回的数据;第二个用于显示 $http()方法请求成功后,保存在缓存中的服务端返回内容。

(2) 实现代码。

在 WebStorm 开发工具中,新建一个 HTML 文件 7-5.html,加入如代码清单 7-5 所示的代码。

代码清单 7-5　$http 服务中的缓存

```html
<!DOCTYPE html>
<html ng-app="a7_5">
<head>
    <title>$http 服务中的缓存</title>
    <script src="Script/angular.min.js"></script>
    <link href="Css/css7.css" rel="stylesheet"/>
</head>
<body>
    <div class="frame" ng-controller="c7_5">
        <div class="show">
            <div class="tip">
                接收内容是:{{result}}
            </div>
            <div class="tip">
                缓存内容是:{{cache}}
            </div>
        </div>
    </div>
    <script type="text/javascript">
        angular.module('a7_5', [])
            .controller('c7_5',
                function ($scope, $http, $cacheFactory) {
                    var url = 'data/cache.php';
                    var cache = $cacheFactory.get("$http");
                    $http({
                        method: 'GET',
                        url: url,
                        cache: true
                    })
```

```
                            .then(function (res, status,
                                headers, config) {
                            $ scope.result = res.data;
                            var arrResp = cache.get(url);
                            $ scope.cache = arrResp[0] + "_" + arrResp[1];
                        })
                    });
            </script>
        </body>
    </html>
```

在上述的页面代码中，$http()方法以配置对象的方式向服务端的一个名为 cache 的 PHP 文件发送了请求，该文件中代码的功能是向客户端返回一串字符内容。cache.php 文件的代码如下。

```php
<?php
echo '今天的天气真是不错';
>
```

（3）页面效果。

执行的效果如图 7-5 所示。

图 7-5 $http 服务中的缓存

（4）代码分析。

在本示例的 JavaScript 代码中，为了在开启缓存后获取缓存对象中的内容，首先，在构建控制器代码时，注入 $cacheFactory 服务，通过调用该服务的 get()方法，获取名为 $http 的缓存对象，该对象是在调用 $http()方法时，由 AngularJS 内部自动创建的。

然后，在调用 $http()方法向服务端发送 HTTP 请求时，向配置对象中添加 cache 属性，并将它的属性值设置为 true，通过这样的配置，当 HTTP 请求成功后，服务端返回的全部原始数据将自动被添加到以 URL 为键名的缓存对象中。

最后，调用缓存对象中的 get()方法，获取以 URL 为键名的缓存内容。从执行结果来看，这些缓存内容包含了服务端在执行 HTTP 请求后返回到客户端的全部信息，如状态、时间、返回体、头信息等。由于信息是以数组的形式进行保存的,因此,需要使用索引号获取指定显示的内容。

7.2.3 自定义$http服务中的缓存

除直接使用$http服务中默认的缓存对象外,还可以自定义$http服务中的缓存对象,在自定义过程中,可以采用传递实例缓存的方式,将定义好的缓存对象添加到$http服务中,而不仅仅是在配置对象中添加cache属性并将它的值设置为true。

接下来通过一个完整的示例演示自定义$http服务中的缓存过程。

示例7-6 自定义$http服务中的缓存

(1)功能说明。

在新建的页面中,添加一个div元素,开始时用于显示调用$http()方法后,服务端返回的数据,当单击"刷新"按钮时,将调用自定义$http服务中的缓存内容,并将它显示在div元素中。

(2)实现代码。

在WebStorm开发工具中,新建一个HTML文件7-6.html,加入如代码清单7-6所示的代码。

代码清单7-6 自定义$http服务中的缓存

```html
<!DOCTYPE html>
<html ng-app="a7_6">
<head>
    <title>自定义$http服务中的缓存</title>
    <script src="Script/angular.min.js"></script>
    <link href="Css/css7.css" rel="stylesheet"/>
</head>
<body>
    <div class="frame" ng-controller="c7_6">
        <div class="show">
            <div class="tip">
                接收内容是:{{result}}
            </div>
            <button ng-click="refresh()">
                刷新
            </button>
        </div>
    </div>
    <script type="text/javascript">
        angular.module('a7_6', [])
            .service("cache", function ($cacheFactory) {
                return $cacheFactory("mycache",
                    {capacity: 3}
                )
            })
```

```
            .controller('c7_6',
                function ( $ scope, $ http, cache) {
                    var url = 'data/cache.php';
                    $ http({
                        method: 'GET',
                        url: url,
                        cache: cache
                    })
                    .then(function (res, status,
                            headers, config) {
                        $ scope.result = res.data;
                        cache.put("c", res.data);
                    })
                    $ scope.refresh = function () {
                        var _c = cache.get("c");
                        $ scope.result = (_c) ? _c +
                        "(来源缓存)" : "刷新失败!";
                    }
                });
        </script>
    </body>
</html>
```

（3）页面效果。

执行的效果如图 7-6 所示。

图 7-6 自定义 $ http 服务中的缓存

（4）代码分析。

在本示例的 JavaScript 代码中，首先，创建一项名为 cache 的服务，该服务返回一个自定义名称为 mycache 的缓存实例，并将缓存实例的最大容量定义为 3 次，用于控制器的注入。

然后，在构建控制器代码时，注入 cache 服务，并将配置对象中的 cache 属性值设置为 cache 服务对象，实现缓存实例传递的功能，当 HTTP 请求成功后，不仅在页面中显示返回的数据,还调用缓存对象中的 put()方法将服务端返回的数据添加到键名为 c 的缓存中。

最后,在绑定"刷新"按钮的方法中,调用缓存对象中的 get()方法,获取已存储的键名为 c 中的内容,并检测它的值是否为空,如果为空,则显示"刷新失败!"的字样,否则,显示键名为 c 中对应的键值内容。

需要说明的是,无论是默认还是自定义的缓存对象,它们都仅保存在一次请求中,没有保存在内存或文件中,因此,一旦刷新了页面,原来的缓存内容都将丢失。

7.3 $ resource 服务

与 $ http 服务相比而言,$ resource 的服务功能更为强大,不仅如此,它的核心价值在于能为支持 RESTful 的服务器进行无缝隙的数据交互,而这种交互是数据模型方式的对接,通过它抽象剥离出来的方法,无须开发者编写大量代码,就可以实现许多复杂的功能。

在调用 $ resource 服务后,返回的 $ resource 对象中包含了多种与服务端进行交互的 API,像 get、save、query 等,开发人员只需调用就可以实现对数据的基本操作功能。此外,在请求 $ resource 服务时,还允许自定义请求的方法,使用非常灵活。接下来详细介绍它的具体功能。

7.3.1 $ resource 服务的使用和对象中的方法

$ resource 服务本身是一个可选性的模块,因此,它并没有包含在 AngularJS 中,如果需要使用该模块,则在页面中先通过 script 元素进行文件的导入,代码如下。

```
< script src = "Script/angular - resource.min.js"></script >
```

上述代码中的 angular-resource.min.js 文件可以在 AngularJS 的官方网站中直接下载,通过上述方式在页面中导入模块文件后,在应用的模型中通过下列方式进行注入,代码如下。

```
angular.module('myapp', ['ngResource'])
```

通过上述代码注入之后,就可以在控制器或其他自定义的服务中,直接调用 $ resource 服务了。它的完整调用格式如下代码所示。

```
var obj = $ resource(url[, paramDefaults][, actions]);
```

在上述代码中,obj 表示请求服务器指定 URL 地址后返回的 $ resource 对象,该对象中包含了与服务端进行数据交互的全部 API。此外,参数 url 表示请求服务器的地址,其中允许占位符变量,该变量必须以":"为前缀,代码如下所示。

```
var obj = $ resource('url?action = :act');
obj. $ save{ act: 'save'}
```

那么,在执行 save 动作时,向服务端发送的实际地址则为 url? action＝save。此外,可选项参数 paramDefaults 是一个对象,用于设置请求时的默认参数值,在发送请求时,该对象中的全部值将自动进行序列化,如果遇到占位符变量,自动替换,并将结果添加到 URL 请求之后,代码如下所示。

```
var obj = $ resource('url?action = :act',{
    act: 'save',
    a: '1',
    b: '2'
});
```

在执行上述代码后,向服务端发送的实际地址为 url? action＝save&a＝1&b＝2。与可选项参数 paramDefaults 不同,另外一个可选项参数 actions 虽然也是一个对象,但它的功能是扩展默认资源动作。例如,可以在该对象中自定义新的方法,代码如下。

```
var obj = $ resource('url?action = :act',{
    //定义请求默认值
},{
    a:{
        method:'get'
    }
});
```

在执行上述代码后,就可以在 $ resource 对象中直接调用在可选项参数 actions 中自定义的方法 a,即 obj. $ a(),操作十分方便。

调用 $ resource 服务所返回的对象中包含了 5 个与服务端交互的常用 API,其中按请求类型来说,2 个是 GET 类型的 API,另外 3 个为非 GET 类型,详细使用方法如下。

1. $ resource 对象中的 GET 类型请求

$ resource 对象中 GET 类型的请求有两个,分别是 get() 和 query() 方法,它们的调用格式如下。

```
var obj = $ resource('url');
//get()方法
obj.get(params,successFn,errorFn);
//query()方法
obj.query(params,successFn,errorFn);
```

无论是 get() 还是 query() 方法,它们请求时的参数都是相同的,params 参数是一个对象,用于添加随请求一起发送的数据,请求时,该对象中的键值将自动进行序列化并添加到 URL 的后面;successFn 参数表示请求成功后的回调函数,errorFn 参数表示请求失败时的回调函数。

get() 和 query() 方法最大的区别在于,前者的返回值可以是单个资源,而后者必须返回一个数组或集合类的资源,这点在使用时必须注意。

2. $ resource 对象中的非 GET 类型请求

在 $ resource 对象中,除两个 GET 类型的请求外,还包括 3 个非 GET 类型的请求,分别为 save()、delete()和 remove(),它们的调用格式如下。

```
var obj = $ resource('url');
//save()方法
obj.save(params, postData, successFn, errorFn);
//delete()方法
obj.delete(params, postData, successFn, errorFn);
//remove()方法
obj.remove(params, postData, successFn, errorFn);
```

在上述 3 个方法中,执行时的参数都是相同的,与 GET 类型请求相比,增加了一个 postData 参数。该参数是一个对象,它的功能是添加以非 GET 方式向服务端发送的数据体,其他参数与 GET 类型相同,在此不再赘述。

save()方法在服务端保存数据时使用,执行时,将以 POST 方式向服务端发送一个请求,postData 参数中添加的数据体也将一起被发送。

delete()和 remove()方法都是在删除服务端数据时使用,执行时,将携带 postData 参数中添加的数据体,以 delete()方法向服务端发送一个请求。两者之间的区别在于,remove()方法可以解决 delete 在 IE 浏览器中是 JavaScript 保留字而出现的问题。

接下来通过一个完整的示例演示 $ resource 对象中方法的使用过程。

示例 7-7 $ resource 对象中方法的使用

(1)功能说明。

在页面中,首先添加一个 ul 元素,用于显示 $ resource 对象调用 query()方法从服务端返回的数组信息,然后添加一个文本框和"保存"按钮,当单击按钮时,调用 $ resource 对象中的 save()方法,以 POST 方式向服务端发送文本框中输入的值,并将请求返回的结果显示在页面中。

(2)实现代码。

在 WebStorm 开发工具中,新建一个 HTML 文件 7-7.html,加入如代码清单 7-7 所示的代码。

代码清单 7-7 $ resource 对象中方法的使用

```html
<!DOCTYPE html>
<html ng-app="a7_7">
<head>
    <title>$ resource 对象中方法的使用</title>
    <script src="Script/angular.min.js"></script>
    <script src="Script/angular-resource.min.js"></script>
    <link href="Css/css7.css" rel="stylesheet"/>
</head>
```

```
<body>
    <div class = "frame" ng - controller = "c7_7">
        <ul style = "margin - bottom:80px">
            <li ng - repeat = "item in items">
                <span>{{item.Code}}</span>
                <span>{{item.Name}}</span>
                <span>{{item.Sex}}</span>
            </li>
        </ul>
        <div class = "show">
            key值:<input type = "text"
                         ng - model = "key"/>
            <button ng - click = "save()">
                保存
            </button>
            <div class = "tip">
                {{result}}
            </div>
        </div>
    </div>
    <script type = "text/javascript">
        angular.module('a7_7', ['ngResource'])
        .config(function ( $ httpProvider) {
            $ httpProvider.defaults.transformRequest =
                function (obj) {
                    var arrStr = [];
                    for (var p in obj) {
                        arrStr.push(encodeURIComponent(p) +
                        " = " +
                        encodeURIComponent(obj[p]));
                    }
                    return arrStr.join("&");
                }
            $ httpProvider.defaults.headers.post = {
                'Content - Type':
                'application/x - www - form - urlencoded'
            }
        })
        .controller('c7_7', function ( $ scope, $ resource) {
            var stus = $ resource('data/info.php')
            stus.query(
                {action: 'search'},
                function (resp) {
                    $ scope.items = resp;
                })
            $ scope.save = function () {
                var data = {
                    key: $ scope.key
                }
```

```
                    stus.save({action: 'save'}, data,
                        function (resp) {
                            $scope.result = (resp[0] == "1") ?
                                "保存成功!" : "保存失败!";
                        })
                }
            });
    </script>
</body>
</html>
```

在上述的页面代码中,$resource()函数向服务端的一个名为 info 的 PHP 文件发送了请求,该文件中代码的功能是根据获取的 action 值,向客户端返回不同的信息,如果该值为 search,则返回一个数组集合;如果该值为 save,则返回一个字符。info.php 文件的代码如下。

```
<?php
if ( $_GET ["action"] == 'search') {
header("Content - type: text/json");
$stulist = array (
    array("Code" => "1001",
        name => "陶国荣", "Sex" => "男"),
    array("Code" => "1002",
        name => "李建洲", "Sex" => "女")
);
echo json_encode( $stulist);
} elseif ( $_GET ["action"] == 'save') {
        if( $_POST["key"] == '1010')
                echo "1";
        else
                echo "0";
}
?>
```

(3) 页面效果。

执行的效果如图 7-7 所示。

(4) 代码分析。

在本示例的 JavaScript 代码中,首先,调用模块中的 config()配置函数,重置默认 POST 数据时的头文件类型,并对 POST 请求时的数据进行编码,使用 & 符进行连接,以便于数据传输。

然后,通过 $resource 服务生成一个名为 stus 的 $resource 对象,调用该对象中的 query()方法向服务端指定的 URL 地址发送请求,该请求的返回值是一个数组,并将服务端返回的数组通过 $scope 对象与页面元素进行绑定,最终将全部数组内容显示在 ul 元素中。

最后,用户先在文本框中输入任意内容值,再单击"保存"按钮时,将再次调用 stus 对象中的 save()方法向服务端以 POST 方式发送文本框中输入的内容,服务端接收到该值后,

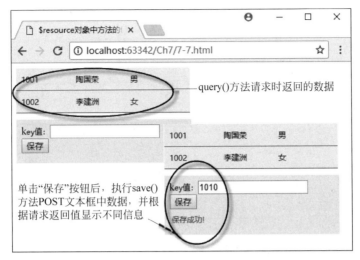

图 7-7 ＄resource 对象中方法的使用

与约定的"1010"值进行比较,目的是验证客户端 POST 方式传来的数据是否能被服务端成功接收。如果比较时两个值相同,则说明接收成功,返回 1;否则返回 0,客户端也将接收服务端返回的这个值。如果该值为 1,显示"保存成功!",否则显示"保存失败!"的字样。

7.3.2　在＄resource 服务中自定义请求方法

虽然＄resource 对象中提供了多种不同请求类型的 API 给开发人员使用,但是也允许开发者在对象中自定义请求的方法,而自定义的步骤也非常简单,只需在调用＄resource 服务的方法中添加第三个可选项参数 actions,在参数对象中,通过 key/value 的方式,自定义＄resource 对象的方法,其中 key 代表方法的名称,value 表示一个发送＄http 请求时的配置对象,当方法定义完成之后,就可以通过＄resource 对象,以对象.方法的形式直接调用了。

接下来通过一个完整的示例演示在＄resource 服务中自定义方法的过程。

示例 7-8　在＄resource 服务中自定义方法

(1) 功能说明。

在页面中添加一个"开始"按钮,单击该按钮时,通过＄resource 对象向服务端发送三次请求,第一次调用对象的 get()方法,第二次在第一次请求成功之后,调用自定义的 update()方法,第三次在第二次请求成功之后,调用对象的 save()方法,并将每次请求后返回的结果显示在页面中。

(2) 实现代码。

在 WebStorm 开发工具中,新建一个 HTML 文件 7-8.html,加入如代码清单 7-8 所示的代码。

代码清单 7-8　在 $ resource 服务中自定义方法

```html
<!DOCTYPE html>
<html ng-app="a7_8">
<head>
    <title>在 $ resource 服务中自定义方法</title>
    <script src="Script/angular.min.js"></script>
    <script src="Script/angular-resource.min.js"></script>
    <link href="Css/css7.css" rel="stylesheet"/>
</head>
<body>
    <div class="frame" ng-controller="c7_8">
        <div class="show">
            <div class="tip">{{r0}}</div>
            <div class="tip">{{r1}}</div>
            <div class="tip">{{r2}}</div>
            <button ng-click="click()">
                开始
            </button>
        </div>
    </div>
    <script type="text/javascript">
        var url = 'data/self.php?action=:act';
        angular.module("a7_8", ["ngResource"])
        .config(function ($ httpProvider) {
            $ httpProvider.defaults.transformRequest =
                function (obj) {
                    var arrStr = [];
                    for (var p in obj) {
                        arrStr.push(encodeURIComponent(p) +
                        "=" +
                        encodeURIComponent(obj[p]));
                    }
                    return arrStr.join("&");
                }
            $ httpProvider.defaults.headers.post = {
                'Content-Type':
                'application/x-www-form-urlencoded'
            }
        })
        .factory('custom', [
            '$ resource',
            function ($ resource) {
                return $ resource(url,
                    {act: 'search'},
                    {update: {
                        method: 'POST',
                        params: {
                            update: true
```

```
                    },
                    isArray: false
                }
            }
        );
    }
])
.controller("c7_8",
function ( $ scope, custom) {
    $ scope.click = function () {
        custom.get({id: '1010'},
        function (resp0) {
            $ scope.r0 = (resp0[0] == "1") ?
                "查找成功!" : "查找失败!";
            resp0.key = '1011';
            resp0. $ update({act: 'update'},
            function (resp1) {
                $ scope.r1 = (resp1[0] == "1") ?
                    "更新成功!" : "更新失败!";
                resp1.key = '1012';
                resp1. $ save({act: 'save'},
                function (resp2) {
                    $ scope.r2 = (resp2[0] == "1") ?
                    "保存成功!" : "保存失败!";
                })
            });
        });
    }
});
</script>
</body>
</html>
```

在上述的页面代码中，$resource()函数向服务端的一个名为 self 的 PHP 文件发送了请求，该文件中代码的功能是根据获取的 action 值和接收的 POST 数据，向客户端返回不同的信息。self.php 文件的代码如下。

```
<?php
if ( $ _GET ["action"] == 'search') {
    if ( $ _GET ["id"] == '1010')
            echo "1";
    else
            echo "0";
} elseif ( $ _GET ["action"] == 'update') {
    if ( $ _POST ["key"] == '1011'&& $ _GET ["update"] == 'true')
            echo "1";
    else
            echo "0";
```

```
} elseif ( $ _GET ["action"] == 'save') {
    if ( $ _POST ["key"] == '1012')
            echo "1";
    else
            echo "0";
}
?>
```

（3）页面效果。

执行的效果如图 7-8 所示。

图 7-8　在 $ resource 服务中自定义方法

（4）代码分析。

在本示例的 JavaScript 代码中，首先，定义请求服务端的 URL 地址变量 url，该地址变量中包含了占位符变量 act，用于后续方法调用时的替换，另外，调用 config() 配置函数实现 POST 数据的正常发送，这个函数中代码的功能在示例 7-7 中已详细说明，在此不再赘述。

然后，调用 factory() 方法，自定义一个名为 custom 的服务，它的功能是返回一个 $ resource 对象，不仅如此，在返回 $ resource 对象时，通过 actions 参数，自定义一个名为 update() 的方法。在这个方法中，以 POST 方式向服务端传递数据，并将 isArray 属性值设置为 false，表明调用该方法后，服务器返回的数据可以不是一个数组。

最后，在控制器中注入这个服务，当单击按钮时，执行控制器中的 click() 方法。在该方法中，先通过名为 custom 的 $ resource 对象，执行 get() 方法，当此次请求成功后，再向返回的数据对象 resp0 添加一个 key 值，并通过该对象调用自定义的 update() 方法，第二次发送请求。

这里需要说明的是，第一次请求后返回的 resp0 对象是 $ resource 对象原型中的一个实例，因此，它具有这类对象的特征和功能，能以属性的方式添加 key 值，并能调用自定义的 update() 方法向服务端送 POST 请求，在发送中，添加的 key 值也将作为发送体一起提交给服务端。

与第二次调用自定义的 update() 方法相同，当第二次发送成功后，返回的 resp1 对象同样也是 $ resource 对象原型中的一个实例，但是与 $ resource 对象不同，实例对象都会在调用方法之前添加一个"$"，用于区分两者的不同。

确切来说,在一个单独的＄resource对象中衍生的一个个实例,它们的属性和方法与＄resource对象都是一样的,只是调用方式不同,因此,名resp1的对象可以调用save()方法向服务端发送POST请求,并最终将返回的信息绑定＄scope对象,一个个显示在页面中。

7.4　promise 对象

promise是什么? 要了解它,首先需要从问题讲起。在操作Ajax异步请求时,必须添加一个callback()函数,用于处理请求成功后的逻辑,但这种方式是以牺牲控制流、异常处理为代价的,并且还有可能陷入callback()函数嵌套中,流程复杂,代码臃肿。

为了解决这种情况,引入了promise对象这个概念。确切来说,它是一种处理异步编程的模式,可以有效解决回调的烦琐,并以一种同步的方式去处理业务流程,同时,允许在回调中采用链式写法,处理的代码更加优雅。接下来详细说明promise的使用方法。

7.4.1　promise 的基本概念和使用方法

为了更加形象地说明promise的概念,进一步了解它的属性和方法,下面通过一个现实中的事例来进行比拟描述。例如,一个名为A的客户,向一家名为B的公司要求开发一个Web页面,B公司答应三天可以做完,这承诺就是一个promise对象,因为它本质上是A客户发起的延期业务,可以理解为通过＄q对象调用defer()方法创建了一个延期对象的过程。

接下来,在这三天当中,客户可能会与公司交流开发进度,这可以理解为调用延期对象中的notify()方法发送消息的过程,表明这个延期业务的状态是“进行中”;如果在三天之后,B公司将A客户要求开发的页面正常交付,则可以理解为调用延期对象中resolve()方法的过程,表明这个延期业务的状态是“已解决”;而如果B公司在制作过程中,发现无法实现,则通知A客户不能交付,这可以理解为调用延期对象中reject()方法的过程,表明这个延期业务的状态是“已拒绝”。

如果B公司在接到A客户的需求时,发现之前做过的一个页面与现在需求完全一致时,决定直接将原来做好的页面给A客户,客户也很满意,这种情况没有产生延期业务,则可以理解为通过＄q对象调用when()方法的过程。

通过上述这个比拟的事例,可以清楚地看出,A客户和B公司彼此都没有消耗太多的时间,过程也非常畅通,而这正是promise对象的重要特征。此外,从事例中形象地知道了promise对象创建的过程以及defer()、notify()、resolve()、reject()、when()方法表示的功能。

下面正式介绍这个promise对象的创建过程。想要在AngularJS中创建一个promise对象,必须在模板中先注入＄q服务,并先调用defer()方法创建一个延期对象,代码如下所示。

```
angular.module("a", [])
    .controller("c", function ( $ scope, $ q) {
        var defer = $ q.defer();
})
```

在上述代码中,defer 是一个延期对象,包括三个方法,分别为 notify()、resolve()、reject
()和一个名为 promise 的属性。在这三个方法中,都可以通过 value 参数进行传值,当调用
延期对象的 promise 的属性时,就创建了一个 promise 对象。

一旦创建了 promise 对象,就可以通过调用 then()方法来执行延期对象不同操作后的
回调函数,then()方法中包含与操作相对应的三个回调函数,代码格式如下所示。

```
promise.then(successCallback,errorCallback,notifyCallback)
```

在上述代码中,successCallback 表示执行 resolve()方法时的回调函数,errorCallback
表示执行 reject()方法时的回调函数,notifyCallback 表示执行 notify()方法时的回调函数,
函数中的参数值可以在执行方法时进行传递,返回对象支持链式写法,操作非常方便。

接下来通过一个示例演示 promise 对象的创建和使用的过程。

示例 7-9　promise 对象的创建和使用

(1)功能说明。

在页面中添加两个按钮,单击时分别用于执行延期对象的"解决"和"拒绝"方法,并在这
两个方法的回调函数中添加一个名为 t 的参数,并将这个值在单击按钮过程中的变化内容
显示在页面指定的元素中。

(2)实现代码。

在 WebStorm 开发工具中,新建一个 HTML 文件 7-9.html,加入如代码清单 7-9 所示
的代码。

代码清单 7-9　promise 对象的创建和使用

```
<!DOCTYPE html >
< html ng – app = "a7_9">
< head >
    < title > promise 对象的创建和使用</title>
    < script src = "Script/angular.min.js"></script >
    < link href = "Css/css7.css" rel = "stylesheet" />
</head >
< body >
    < div class = "frame" ng – controller = "c7_9">
        < div class = "show">
            < div class = "tip">
                {{t0}}
            </div >
            < div class = "tip">
```

```
            {{t1}}
        </div>
        <button ng - click = "action(true)">
            解决
        </button>
        <button ng - click = "action(false)">
            拒绝
        </button>
    </div>
</div>
<script type = "text/javascript">
    angular.module("a7_9", [])
        .controller("c7_9", function ( $ scope, $ q) {
            var defer = $ q.defer();
            $ scope.action = function (type) {
                defer.notify(0);
                type ? defer.resolve(1) : defer.reject(1);;
            }
            var promise = defer.promise;
            promise.then(function (n) {
                n++;
                $ scope.t1 = "已处理完成:" + n;
            }, function (n) {
                n++;
                $ scope.t1 = "未完成原因:" + n;
            }, function (n) {
                n++;
                $ scope.t0 = "正在处理中:" + n;
            })
        });
</script>
</body>
</html>
```

（3）页面效果。

执行的效果如图 7-9 所示。

图 7-9　promise 对象的创建和使用

（4）代码分析。

从图 7-9 可以看出，无论是单击"解决"按钮，还是单击"拒绝"按钮，页面中显示的"正在处理中"的值都是 1，"已处理完成"或"未完成原因"的值都是 2，这是因为在单击"解决"或"拒绝"按钮时，都先执行了延期对象的 notify() 方法，并给 t 赋值为 0，执行后，在 notify() 方法的回调函数中，累加了一次这个 t 值，此时 t 值变为 1。

再执行 resolve() 或 reject() 方法时，由于给 t 赋值为 1，而这个 t 值在 then() 方法的回调函数中又累加了一次，因此，此时的 t 值都为 2。

此外，在 $q 服务中，还有一个 all() 方法。该方法的功能是返回一个新的 promise 对象，该方法中的参数是一个 promise 数组，当数组中的所有 defer 对象都解决时，才返回一个解决后 promise 对象，否则，如果有一个 defer 对象调用了 reject() 方法，那么，返回对象也将调用 reject() 方法。

7.4.2 promise 对象在 $http 中的应用

既然 promise 对象的功能这么强大，那么，如何在 $http 请求中使用呢？确切来说，在 $http 请求中使用 promise 对象，并不会带来根本性的变化，但它将会减少数据加载时的白框现象或等待加载的时间，在优化用户体验上将发挥一些明显的作用。

接下来通过一个完整的示例演示 promise 对象在 $http 中应用的过程。

示例 7-10   promise 对象在 $http 中的应用

（1）功能说明。

在页面中添加一个 div 元素，调用 $http() 方法，并结合 promise 对象，将向服务端请求后返回的字符内容显示在该 div 元素中。

（2）实现代码。

在 WebStorm 开发工具中，新建一个 HTML 文件 7-10. html，加入如代码清单 7-10 所示的代码。

代码清单 7-10   promise 对象在 $http 中的应用

```
<!DOCTYPE html>
<html ng-app="a7_10">
<head>
    <title>promise 对象在 $http 中的应用</title>
    <script src="Script/angular.min.js"></script>
    <link href="Css/css7.css" rel="stylesheet" />
</head>
<body>
    <div class="frame" ng-controller="c7_10">
        <div class="show">
            <div class="tip">{{result}}</div>
        </div>
    </div>
    <script type="text/javascript">
```

```
                angular.module("a7_10", [])
                    .factory("async", function ($ q, $ http) {
                        var defer = $ q.defer();
                         $ http.get('data/async.php')
                        .then(function (res) {
                            defer.resolve(res.data);
                        })
                        return defer.promise;
                    })
                    .controller("c7_10", function ($ scope, async) {
                        var promise = async;
                        promise.then(function (resp) {
                            $ scope.result = "请求成功:" + resp;
                        }, function (n) {
                            $ scope.result = "请求失败:" + resp;
                        })
                    });
        </script>
    </body>
</html>
```

（3）页面效果。

执行的效果如图 7-10 所示。

图 7-10   promise 对象在 $ http 中的应用

（4）代码分析。

在本示例的 JavaScript 代码中，首先，调用 factory()方法自定义一个名为 async 的服务，在服务中，通过注入的 $ q 创建一个名为 defer 的延期对象，当执行 $ http.get()方法请求成功后，则执行延期对象的 resolve()方法，并将返回的数据作为参数进行传递，如果请求异常，则执行延期对象的 reject()方法，并将返回的异常信息作为参数进行传递，最后，返回延期对象的 promise 属性，即返回了一个实例化的 promise 对象。

然后在控制器代码中，注入这个名为 async 的服务，调用这个服务返回的 promise 对象的 then()方法，添加对应的回调函数，在各自的函数中，获取方法传递来的数据信息，并将它们通过与 $ scope 对象绑定，显示在页面的 div 元素中。

需要说明的是,在发送＄http请求的过程中,如果与 promise 对象相结合,代码的可读性加强了,条理也清晰了不少,也避免了嵌入多重回调函数中的可能。

7.5　本章小结

本章是学习 AngularJS 的非常重要的一章,因为前端页面的开发离不开服务端的支持。在本章中,首先讲解最基础的前端页面与服务端交互的 Ajax 请求,以渐进的方式介绍了＄http 的基础概念和使用 API,通过一个个示例讲述了在请求过程中缓存的调用和技巧。最后,采用概念与示例相结合的方式介绍了＄resource 和 promise 对象的详细使用过程。通过本章的学习,不仅可以全面了解 AngularJS 中页面与服务端交互的原理,而且为构建一个属于自己的 AngularJS 应用打下扎实的理论与实践基础。

第 8 章

AngularJS的指令

本章学习目标

- 掌握 AngularJS 中指令定义的方法；
- 理解 AngularJS 中指令对象属性的功能；
- 掌握 AngularJS 中指令对象属性的使用方法。

8.1 AngularJS 指令概述

"指令"从字面意义来说，是一种执行的信号。一旦发布了这个指令，就要执行某项动作，如在 HTML 中，书写一个 a 标记，实质上也是一个指令，告知浏览器的编译系统，要创建一个超链接；而在 AngularJS 中，指令就要复杂许多，它不仅是要创建元素，而且还给元素附加了一些特定的行为，因此，AngularJS 中的指令是一个在特定 DOM 元素上执行的函数。

8.1.1 指令定义的基础

在 AngularJS 中，要定义一个新的指令，方法非常简单，只需要调用 directive() 方法即可。该方法可以接收两个参数，具体的调用格式如下。

```
var app = angular.module('myapp', []);
app.directive(name, fn);
```

在上述代码中，由于 directive() 方法依附于应用模块，因此，先创建一个名为 app 的模块，然后，调用模块中的 directive() 方法，该方法定义了 name 和 fn 这两个参数，前者表示新增指令的名称，后者是一个函数，它将返回一个对象，在这个对象中，定义了这个新增指令的全部行为。

接下来通过一个简单的示例演示创建新指令的过程。

示例 8-1　创建一个新的指令

（1）功能说明。

在页面中，分别以元素、元素中的属性、类别、data 的方式，显示新增加的指令。

（2）实现代码。

在 WebStorm 开发工具中，新建一个 HTML 文件 8-1.html，加入如代码清单 8-1 所示的代码。

代码清单 8-1　创建一个新的指令

```html
<!DOCTYPE html>
<html ng-app="a8_1">
<head>
    <title>创建一个新的指令</title>
    <script src="Script/angular.min.js"></script>
    <style type="text/css">
        .frame {
            padding: 2px 8px;
            margin: 0px;
            font-size: 12px;
            width: 320px;
            background-color: #eee;
        }
    </style>
</head>
<body>
    <div class="frame">
        <ts-hello></ts-hello>
        <div ts-hello></div>
        <div class="ts-hello"></div>
        <div data-ts-hello></div>
    </div>
    <script type="text/javascript">
        var app = angular.module('a8_1', []);
        app.directive('tsHello', function () {
            return {
                restrict: 'EAC',
                template: '<h3>Hello,AngularJS!</h3>',
            }
        });
    </script>
</body>
</html>
```

（3）页面效果。

执行的效果如图 8-1 所示。

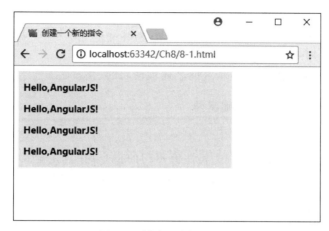

图 8-1　创建一个新的指令

（4）代码分析。

在本示例的 JavaScript 代码中，为了使用一个名称为 ts-hello 的新指令，首先，调用模块的 directive() 方法进行定义。在定义过程中，方法中的第一个参数就是新指令的名称，参数中的名称必须使用驼峰命名风格，因此，名称分成两个部分：前部分是指令前缀，如 ng，这是内置的指令，为了避免与它冲突，可以使用项目名、公司名的缩写字母，如示例中的 ts 是 test 的缩写，表示测试指令；名称中的后部分是指令的作用，一般用于说明指令当前的功能。

此外，directive() 方法的第二个参数是一个函数，该函数返回一个对象，在对象中，设置了指令需要执行的全部动作。在本示例的对象中，添加了两个简单的属性，其中 restrict 属性指出在 HTML 中的使用方式，它共有 E、A、C、M 4 种，分别代表以"标签""属性""类别""注释"的方式进行使用，属性值可以是单个字母，也可以是多个字母的组合，如果是多个字母的组合，则表示支持多种方式的使用，该属性的默认值是 A。

另外，在自定义指令返回的对象中，第二个名为 template 的属性表示指令在编译和连接后生成的 HTML 标记，即在调用新创建的指令后，在 HTML 中展现出来的 DOM 元素内容。它可以是一个字符串，如示例 8-1 所示，也可以是很复杂的字符集合，还可以包含双大括号，动态获取变量的值。如果是一个内容模板，则可以将 template 属性改为 templateUrl 属性，由它调用一个具体的模板内容，有关这个属性的详细实现过程，在 8.1.2 节中将会有完整的介绍。

8.1.2　设置指令对象的基础属性

在示例 8-1 中，介绍了创建一个新指令的基本方法，接下来再介绍指令返回对象中的另外两个属性——replace 和 templateUrl。

replace 属性值是布尔类型的，当该属性值为 true 时，表示将模板中的内容替换为指令标记，当该属性值为 false 时，表示不替换指令标记，而是将内容插入到指令标记中，此时，无论指令标记中是否存在内容，都将会被清空，该属性的默认值为 false。

templateUrl 的属性值是一个 URL 地址，该地址将指向一个模板页面。该属性常用于处理复杂模板内容,与 template 属性不能同时使用,只能取其中之一。使用该属性后,模板页面中的内容将插入到页面的指令中,这点与 template 属性处理的方法是相同的,只是 templateUrl 属性更加强大。

接下来通过一个简单的示例演示这两个属性使用的过程。

示例 8-2 设置指令对象的基础属性

(1) 功能说明。

在页面中,新建三个 templateUrl 属性值不同的指令,并且在定义指令时,三个新增指令的 replace 属性不完全相同,然后,在页面中分别调用这三个新增加的指令。

(2) 实现代码。

在 WebStorm 开发工具中,新建一个 HTML 文件 8-2. html,加入如代码清单 8-2 所示的代码。

代码清单 8-2 设置指令对象的基础属性

```html
<!DOCTYPE html>
<html ng-app="a8_2">
<head>
    <title>设置指令对象的基础属性</title>
    <script src="Script/angular.min.js"></script>
    <style type="text/css">
        .frame {
            padding: 2px 8px;
            margin: 0px;
            font-size: 12px;
            width: 320px;
            background-color: #eee;
        }
    </style>
</head>
<body>
    <div class="frame">
        <ts-tplfile></ts-tplfile>
        <ts-tplscipt></ts-tplscipt>
        <ts-tplcache></ts-tplcache>
    </div>
    <script type="text/ng-template" id="tpl">
        <h3>模板内容来源于 script 元素</h3>
    </script>
    <script type="text/javascript">
        angular.module('a8_2', [])
            .run(function ($templateCache) {
                $templateCache.put('cache',
                    '<h3>模板内容来源于缓存</h3>')
            })
            .directive('tsTplfile', function () {
                return {
```

```
            restrict: 'EAC',
            templateUrl: 'tpl.html',
        };
    })
    .directive('tsTplscipt', function () {
        return {
            restrict: 'EAC',
            templateUrl: 'tpl',
            replace: true
        };
    })
    .directive('tsTplcache', function () {
        return {
            restrict: 'EAC',
            templateUrl: 'cache',
        };
    });
</script>
</body>
</html>
```

在上述的代码清单中，还有一个模板加载时的页面文件 tpl.html，该 HTML 文件的代码如代码清单 8-2-1。

代码清单 8-2-1　用于模板加载的页面

```
<h3>模板内容来源于外部文件</h3>
```

（3）页面效果。

执行的效果如图 8-2 所示。

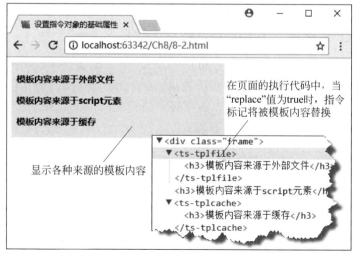

图 8-2　设置指令对象的基础属性

（4）代码分析。

在本示例的 JavaScript 代码中，首先，调用模块的 run() 方法，该方法是在模块被加载时自动执行的，在该方法中接收一个执行的函数，函数的功能是调用内置的 $ templateCache 服务，使用 put() 方法添加一个缓存模板，用于后续 directive() 方法的使用。

然后，调用模块的 directive() 方法，定义了三个不同名称的指令，这三个新建的指令除名称不同外，返回对象中的 templateUrl 属性值也不相同。第一个指令的值是 tpl.html，这是一个外部文件名称，这种方式适用于模板内容大而复杂时，在使用前，必须确保指定的文件可访问。

第二个指令中的 templateUrl 属性值是 script 元素的 ID 号，在使用 script 元素作模板时，必须先将元素的 type 属性值设置为 text/ng-template，再添加 ID 号属性，用于绑定 templateUrl 属性。在使用这种方式时，script 元素并不会向服务端发送请求。

第三个指令中的 templateUrl 属性值是添加的缓存名称，即 key 值，由于这个模板缓存在应用加载时就已执行，因此，当指令在调用它对应的内容时，速度相对来说会快很多。由于都是服务注入，这种方式常用于先调用 $http() 方法请求模板内容，再通过 $ templateCache 服务缓存，最后将内容通过缓存的 key 值与 templateUrl 属性绑定的情况。

最后，需要说明的是 replace 属性，通过执行本示例，可以清楚地看到，该属性值默认为 false，则模板不会替换指令标记，如果将该值设置为 true，则模板将直接替换指令标记，完整效果如图 8-2 所示。

8.2 AngularJS 指令对象的重要属性

在上面的章节中，介绍了定义指令时的一些基础属性的使用方法，接下来介绍其他一些重要的属性，如 transclude、link、compile 属性。这些属性是定义指令时的重要组成部分，也是学习指令的难点。接下来通过示例介绍它们的使用方法。

8.2.1 指令对象中的 transclude 属性

在定义指令对象时，transclude 属性可以不添加，如果添加该属性，它的属性值是布尔类型的，默认值为 false，表示不开启属性功能，如果设置为 true 值，则开启了该属性功能；当开启了 transclude 属性功能后，就可以在模板中通过 ng-transclude 方式替换指令元素中的内容，假如指令元素中的内容代码如下所示。

```
divhello!</div>
```

指令模板中的内容代码如下所示。

```
< h3 > I am template </h3 >
```

当在指令元素中调用 ng-transclude 指令后，原有指令元素中的内容则变成如下所示。

```
< div ng - transclude >< h3 > I am template </h3 ></div >
```

通过上面简短的代码可以看出,在添加 transclude 属性并开启成功后,形成了一座桥梁,通过这座桥梁可以将调用指令后的元素内容替换为指令中的模板内容。如果模板中的内容没有元素标签,而是纯文本内容,那么,在替换时则会自动添加一个 span 标签,这里的替换不仅仅是内容的替换,它们之间还可以通过变量来传递数据。

接下来通过一个简单的示例演示 transclude 属性使用的过程。

示例 8-3　设置指令对象中的 transclude 属性

(1) 功能说明。

在自定义指令的模板中,添加一个文本输入框,并通过 ng-model 绑定名为 text 的变量,另外,再添加一个 div 元素,并添加 ng-transclude 属性,通过该属性替换 div 元素的内容。

(2) 实现代码。

在 WebStorm 开发工具中,新建一个 HTML 文件 8-3. html,加入如代码清单 8-3 所示的代码。

代码清单 8-3　设置指令对象中的 transclude 属性

```
<!DOCTYPE html >
< html ng - app = "a8_3">
< head >
    <title>设置指令对象中的 transclude 属性</title>
    < script src = "Script/angular.min.js"></script >
    < style type = "text/css">
        .frame {
            padding: 2px 8px;
            margin: 0px;
            font - size: 12px;
            width: 320px;
            background - color: #eee;
        }
        .tip {
            font - size: 9px;
            color: #666;
            margin: 3px 5px;
        }
    </style >
    < script type = "text/ng - template"
            id = "tpl">
        < div class = "frame">
            < input type = "text"
                    ng - model = "text" />
            < div ng - transclude
                    class = "tip">
```

```
            </div>
        </div>
    </script>
</head>
<body>
    <ts-tplscipt>
        {{text}}
    </ts-tplscipt>
    <script type="text/javascript">
        angular.module('a8_3', [])
        .directive('tsTplscipt', function () {
            return {
                restrict: 'EAC',
                templateUrl: 'tpl',
                transclude: true
            };
        });
    </script>
</body>
</html>
```

（3）页面效果。

执行的效果如图 8-3 所示。

图 8-3   设置指令对象中的 transclude 属性

（4）代码分析。

在本示例的 JavaScript 代码中，定义了一个名为 tsTplscipt 的指令，首先，在定义指令时，添加了 transclude 属性，并将它的值设置为 true，表示开启该属性的功能。

然后，在指令对应模板的元素中，通过添加 ng-transclude 属性的方式，调用 transclude属性的功能，一旦元素添加了 ng-transclude 属性，那么该元素中的内容将会被指令元素的原有内容所替代，在替代过程中，如果是纯文本，将自动添加 span 标签，效果如图 8-3 所示。

需要说明的是，在指令中使用 transclude 属性的作用是保留指令元素中原有的内容。在通常情况下，使用自定义的指令元素后，原有内容都会被指令中的模板替换，因此，为了保留这部分内容,引入了 transclude 属性,通过在模板中给元素添加 ng-transclude 属性,就可以获取指令元素中原有的内容。

8.2.2　指令对象中的 link 属性

与指令对象中的 transclude 属性不同,link 属性的值是一个函数,在该函数中可以操控 DOM 元素对象,包括绑定元素的各类事件、定义事件触发时执行的内容。函数定义的代码如下。

```
link:function(scope, iEle, iAttrs){
    ...
}
```

在上述代码中,link 属性包含三个主要的参数,其中,scope 参数表示指令所在的作用域,它的功能与页面中控制器注入的作用域是相同的;iEle 参数表示指令中的元素,该元素可以通过 AngularJS 内部封装的 jqLite 框架进行调用,虽然 jqLite 框架与 jQuery 框架在功能上差别很大,但是它却包含了主要的元素操作 API,是一个压缩版的 jQuery,因此,它在语法上与 jQuery 相同;此外,iAttrs 参数表示指令元素的属性集合,通过这个参数可以获取元素中的各类属性。

接下来通过一个简单的示例演示 link 属性使用的过程。

示例 8-4　设置指令对象中的 link 属性

(1) 功能说明。

在自定义的指令中,通过添加 link 属性,绑定指令模板中 button 元素的 click 事件,并在事件触发时,显示指定的文本内容,同时,button 元素本身变为不可用。

(2) 实现代码。

在 WebStorm 开发工具中,新建一个 HTML 文件 8-4.html,加入如代码清单 8-4 所示的代码。

代码清单 8-4　设置指令对象中的 link 属性

```
<!DOCTYPE html>
<html ng-app="a8_4">
<head>
    <title>设置指令对象中的 link 属性</title>
    <script src="Script/angular.min.js"></script>
    <style type="text/css">
        .frame {
            padding: 2px 8px;
            margin: 0px;
            font-size: 12px;
            width: 320px;
            background-color: #eee;
        }
```

```
          .tip {
              font - size: 9px;
              color: #666;
              margin: 3px 5px;
          }
      </style>
      < script type = "text/ng - template"
              id = "tpl">
          button 单击按钮</button >
      </script >
  </head >
  < body >
      < div class = "frame">
          < ts - tplscipt ></ts - tplscipt >
          < div class = "tip">{{content}}</div >
      </div >
      < script type = "text/javascript">
          angular. module('a8_4', [])
          .directive('tsTplscipt',
          function () {
              return {
                  restrict: 'EAC',
                  templateUrl: 'tpl',
                  replace: true,
                  link: function (scope, iEle, iAttrs) {
                      iEle.bind('click', function () {
                          scope. $ apply(function () {
                          scope.content = '这是单击后显示的内容';
                          })
                          iAttrs. $ $ element[0].disabled = true;
                      });
                  }
              };
          });
      </script >
  </body >
  </html >
```

（3）页面效果。

执行的效果如图 8-4 所示。

（4）代码分析。

在本示例的 JavaScript 代码中,自定义 tsTplscipt 指令时,在指令返回的对象中添加了 link 属性,用于绑定和执行 DOM 元素的各类事件;在属性值执行的函数中,添加 scope、iEle、iAttrs 三个参数,在指令执行的过程中,由于指令中并没有定义 scope 属性,因此, scope 参数就是元素外层的父级 scope 属性,即控制器注入的 $ scope 属性。

此外,iEle 参数就是被指令模板替换后的 button 元素,由于在 AngularJS 中引入了 jqLite,因此可以直接调用 bind()方法绑定元素的各类事件。在这里绑定了按钮的 click 事

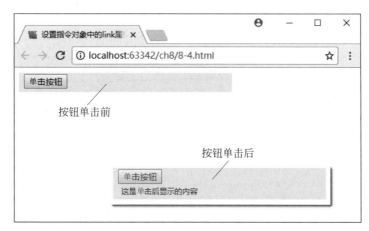

图 8-4   设置指令对象中的 link 属性

件,在执行该事件的函数中,调用了 scope 属性的 $ apply()方法,它的功能是在执行完方法
中的函数之后,重新渲染页面视图,在执行 $ apply()方法后,变量 content 已经获取到内容
值,当页面重新渲染时,则通过双大括号的方式直接显示在页面的元素中。

另外,iAttrs 参数是指令元素的属性集合,$ $ element 则表示与属性对应的元素集合,
该集合是一个数组,因此,代码 iAttrs. $ $ element[0]将获取 button 按钮这个元素,通过将
它的 disabled 属性值设置为 true,即表示将该按钮设置为不可用。由于是在单击按钮后不
可用,因此,也可以将"iAttrs. $ $ element[0]. disabled = true;"替换为"this. disabled =
true;",其实现的功能是相同的。

8.2.3   指令对象中的 compile 属性

与指令对象中的 link 属性相比,compile 属性的使用要少得多,该属性返回一个函数或
对象,当返回一个函数时,该函数名称为 post(),而返回一个对象时,对象中则包含两个名
为 pre()和 post()的函数,这两个函数名是系统提供的,不能修改。

当添加了 compile 属性时,则不能同时再添加 link 属性,因为无论 compile 属性返回的
是一个函数,还是一个对象,实际上都创建了一个名为 post 的链接函数,因此,在编译的过
程中,将会自动忽略其他的链接函数,所以,当添加了 compile 属性时,link 属性添加的链接
函数也将被忽略,这点在自定义指令时需要注意。

接下来通过一个简单的示例演示 compile 属性使用的过程。

示例 8-5   设置指令对象中的 compile 属性

(1)功能说明。

自定义两个名称分别为 tsA 和 tsB 的指令,在定义这两个指令的过程中,都添加
compile 属性,并在属性的函数中,通过浏览器控制台输出执行时的内容,最后,在页面中分
别以嵌套的形式调用这两个指令元素,查看控制台输出的内容。

(2)实现代码。

在 WebStorm 开发工具中,新建一个 HTML 文件 8-5. html,加入如代码清单 8-5 所示

的代码。

代码清单 8-5　设置指令对象中的 compile 属性

```html
<!DOCTYPE html>
<html ng-app="a8_5">
<head>
    <title>设置指令对象中的 compile 属性</title>
    <script src="Script/angular.min.js"></script>
    <style type="text/css">
        .frame {
            padding: 2px 8px;
            margin: 0px;
            font-size: 12px;
            width: 320px;
            background-color: #eee;
        }
    </style>
</head>
<body>
    <div class="frame"
        ng-controller="c8_5">
        <ts-a>
            <ts-b>
                {{tip}}
            </ts-b>
        </ts-a>
    </div>
    <script type="text/javascript">
        angular.module('a8_5', [])
        .controller('c8_5', function ($scope) {
            $scope.tip = "跟踪 compile 执行过程"
        })
        .directive('tsA', function () {
            return {
                restrict: 'EAC',
                compile: function (tEle, tAttrs, trans) {
                    console.log('正在编译 A 指令');
                    return {
                        pre: function (scope, iEle, iAttrs) {
                            console.log('正在执行 A 指令中的 pre()函数')
                        },
                        post: function (scope, iEle, iAttrs) {
                            console.log('正在执行 A 指令中的 post()函数')
                        }
                    }
                }
            };
        })
        .directive('tsB',
```

```
            function () {
                return {
                    restrict: 'EAC',
                    compile: function (tEle, tAttrs, trans) {
                        console.log('正在编译 B 指令');
                        return {
                            pre: function (scope, iEle, iAttrs) {
                                console.log('正在执行 B 指令中的 pre()函数')
                            },
                            post: function (scope, iEle, iAttrs) {
                                console.log('正在执行 B 指令中的 post()函数')
                            }
                        }
                    }
                };
            });
    </script>
</body>
</html>
```

（3）页面效果。

执行的效果如图 8-5 所示。

图 8-5　设置指令对象中的 compile 属性

（4）代码分析。

在本示例的 JavaScript 代码中，当自定义名称为 tsA 和 tsB 指令时，在开始执行
compile()、pre()和 post()函数时，都添加了向浏览器控制台输出内容的代码，但是从执行
后输出的内容顺序来看，首先执行的还是 compile()函数，如果遇到嵌套形式，则先执行父元
素的 compile()函数，然后再执行子元素的 compile()函数；在执行完 compile()函数之后，再接
着执行 pre()函数中的内容，如果是嵌套形式，也是先父元素后子元素。在执行完 pre()函数之
后，最后执行的才是 post()函数中的内容，如果是嵌套形式，则与 pre()函数相同。

需要说明的是，在自定义指令时，compile 属性并不经常被使用，但是，在掌握 compile

属性的使用后,能更好地了解各个函数执行时的顺序,可以有助于在定义指令时更加了解指令在编译后的执行情况,从而不断提高编写指令的代码质量。

8.3 AngularJS 指令对象的 scope 属性

相对于其他的指令属性而言,scope 属性的功能要强大很多,且使用的频率也很高,因此,有必要通过一节来详细介绍这个属性的使用情况。确切来说,scope 属性值包含两种类型:一类是布尔值;另一类为 JSON 对象。接下来分别介绍这两种不同类型的使用情况。

8.3.1 scope 属性是布尔值

scope 属性在自定义指令时默认就是布尔类型的,初始值为 false,在这种情况下,指令中的作用域就是指令元素所在的作用域,两者是相同的。为了便于理解,把指令中的作用域称为子作用域,把指令元素所在的作用域称为父作用域。如果 scope 属性值为 false,表示不创建新的作用域,父作用域与子作用域的数据完全相通,一方如果有变化,另一方将会自动发生变化。

如果 scope 属性值为 true,则表示子作用域是独立创建的,当它的内容发生变化时,并不会修改父作用域中的内容,不仅如此,一旦某个属性内容被子作用域进行了重置,那么,即使父作用域中的内容变化了,子作用域对应的内容也不会随之变化。

接下来通过一个简单的示例演示 scope 属性是布尔值时的使用过程。

示例 8-6　scope 属性是布尔值

(1) 功能说明。

自定义一个名称为 tsMessage 的指令,它的功能是:将文本框输入的内容与变量 message 绑定,并将它显示在页面中,同时,在 link() 函数中重置变量 message 的值,在自定义的过程中,将 scope 属性的值设置为 true,查看变量 message 在执行过程中显示的内容。

(2) 实现代码。

在 WebStorm 开发工具中,新建一个 HTML 文件 8-6. html,加入如代码清单 8-6 所示的代码。

代码清单 8-6　scope 属性是布尔值

```
<!DOCTYPE html>
<html ng-app="a8_6">
<head>
    <title>scope 属性是布尔值</title>
    <script src="Script/angular.min.js"></script>
    <style type="text/css">
        .frame {
            padding: 2px 8px;
            margin: 0px;
            font-size: 12px;
```

```
                width: 320px;
                background-color: #eee;
            }
            .tip {
                font-size: 9px;
                color: #666;
                margin: 3px 5px;
            }
        </style>
        <script type="text/ng-template" id="tpl">
            <div class="tip">{{message}}</div>
            <button ng-transclude></button>
        </script>
    </head>
    <body>
        <div class="frame">
            <input ng-model="message"
                    placeholder="请输入提示内容" />
            <ts-message>固定</ts-message>
        </div>
        <script type="text/javascript">
            angular.module('a8_6', [])
            .directive('tsMessage',
            function () {
                return {
                    restrict: 'EAC',
                    templateUrl: 'tpl',
                    transclude: true,
                    scope: true,
                    link: function (scope, iEle, iAttrs) {
                        iEle.bind('click', function () {
                            scope.$apply(function () {
                                scope.message = '这是单击按钮后的值';
                            })
                        })
                    }
                };
            });
        </script>
    </body>
</html>
```

（3）页面效果。

执行的效果如图 8-6 所示。

（4）代码分析。

在本示例的 JavaScript 代码中，当自定义名为 tsMessage 的指令时，将指令对象中的 scope 属性值设置为 true，表示允许子作用域存在“独立”的 scope 对象，这种“独立”指的是当父作用域的变量发生变化时，子作用域对应的变量也将自动同步变化，即父作用域的数据

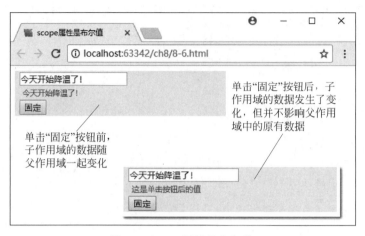

图 8-6　scope 属性是布尔值

影响子作用域中对应的数据,反之,当子作用域的变量发生变化时,并不会影响到父作用域中对应的数据。

因此,在本示例中,当输入文本框中的内容时,父作用域中绑定的 message 变量值发生了变化,子作用域绑定该变量的元素内容也随之变化,效果如图 8-6 上部分所示;而在单击"固定"按钮时,手动重置了子作用域中的 message 变量值,但与变量绑定的父作用域的内容并没有随之变化,效果如图 8-6 下部分所示。

确切来说,将指令中的 scope 属性值设置为 true,则生成了一个隔离式的作用域,这种作用域主要用于创建可复用的组件,通过这种隔离式的特征,可以避免指令中局部作用域对外部和全局作用域的污染。需要说明的是,如果一个元素中绑定了多个拥有隔离作用域的指令,只有指令模板中的根元素才能获取一个新作用域,而并非全部的模板元素。

8.3.2　scope 属性是对象

通过 8.3.1 节可知,在自定义指令时,如果将 scope 属性值设置为 true,则可以创建一个隔离式的子作用域。除此之外,scope 属性值还可以设置成一个 JSON 对象,如果是对象,那么父作用域与子作用域是完全独立的,不存在任何关联。

当指令中的 scope 属性值是 JSON 对象时,如果子作用域需要添加属性,则必须先添加指令中的 link() 函数,然后通过函数中的 scope 对象进行添加;如果在子作用域中,要绑定或调用父作用域中的属性和方法,则需要在 scope 属性对应的 JSON 对象值中添加绑定策略。

严格来说,在 JSON 对象中添加的有三种绑定策略,分别是"@绑定""=绑定""&=绑定"。绑定的符号不同,执行的功能也是有区别的,接下来分别来进行详细的说明。

1. @绑定

"@绑定"的功能与将 scope 属性值设置为 true 时有许多相同的地方,表现为:在子作用域重置属性内容之前,父作用域的属性内容修改了,子作用域对应的属性内容也会随之修改,并且子作用的属性内容变化时,不会影响到父作用域中对应的属性内容。这是两者的相同之处。

两者唯一的不同之处在于,"@绑定"的功能在子作用域中重置属性内容之后,再返回修改父作用域中对应属性内容时,子作用域对应的属性内容同样还会随之修改,而如果是将scope属性值设置为true,这种子作用域随父作用域变化而变化的情况只发生在子作用域重置属性内容之前,重置之后则不会随之变化,这点在使用时必须要注意。

2. ＝绑定

"＝绑定"的功能是创建一个父作用域与子作用域可以同时共享的属性,即当父作用域修改了该属性时,子作用域也随之变化,子作用域重置时,父作用域也会跟随变化,两个作用域之间的属性内容是互通的,完全共享和同步的。

3. & 绑定

"& 绑定"的功能是可以在独立的子作用域中直接调用父作用域的方法,并且在调用时,可以向函数传递实参数。这种功能的好处在于避免重复编写功能相同的代码,只需要进行简单的绑定设置,就可以使指令执行后轻松调用元素控制器中的方法。

为了更加清楚地了解这三种绑定策略在定义指令时的使用情况,接下来通过一个完整的示例演示它们使用的全部过程。

示例 8-7　scope 属性是 JSON 对象

(1)功能说明。

自定义一个名称为 tsJson 的指令,在定义的过程中将 scope 属性值设置为 JSON 对象,在对象中,使用不同的策略绑定三个不同的属性,并在单击"重置"按钮时,重置子作用域中的属性值,并执行父作用域中的函数。

(2)实现代码。

在 WebStorm 开发工具中,新建一个 HTML 文件 8-7.html,加入如代码清单 8-7 所示的代码。

代码清单 8-7　scope 属性是 JSON 对象

```html
<!DOCTYPE html>
<html ng-app="a8_7">
<head>
    <title>scope 属性是 JSON 对象</title>
    <script src="Script/angular.min.js"></script>
    <style type="text/css">
        .frame {
            padding: 2px 8px;
            margin: 0px;
            font-size: 12px;
            width: 320px;
            background-color: #eee;
        }
        .tip {
            font-size: 9px;
            color: #666;
```

```
                    margin: 3px 0px;
                    padding: 5px 0px;
                }
        </style>
        < script type = "text/ng - template"
                id = "tpl">
            < div class = "tip">
                span 姓名:{{textName}}</span >
                span 年龄:{{textAge}}</span >
            </div >
            < button ng - transclude ></button >
        </script >
</head >
< body >
    < div class = "frame" ng - controller = "c8_7">
        姓名:< input ng - model = "text_name"
                        placeholder = "请输入姓名" />< br />
        年龄:< input ng - model = "text_age"
                        placeholder = "请输入年龄" />
        < div class = "tip">{{tip}}</div >
        < ts - json a - attr = "{{text_name}}"
                        b - attr = "text_age"
                        reset = "reSet()">
            重置
        </ts - json >
    </div >
    < script type = "text/javascript">
        angular.module('a8_7', [])
        .controller('c8_7', function ( $ scope) {
            $ scope.reSet = function () {
                $ scope.tip = "姓名与年龄重置成功!";
            }
        })
        .directive('tsJson', function () {
            return {
                restrict: 'EAC',
                templateUrl: 'tpl',
                transclude: true,
                scope: {
                    textName: '@aAttr',
                    textAge: ' = bAttr',
                    reSet: '&reset'
                },
                link: function (scope, iEle, iAttrs) {
                    iEle.bind('click', function () {
                        scope. $ apply(function () {
                            scope.reSet();
                            scope.textName = '张三';
                            scope.textAge = '20';
```

```
                        })
                    })
                }
            };
        });
    </script>
</body>
</html>
```

（3）页面效果。

执行的效果如图8-7所示。

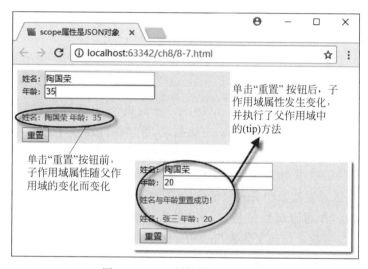

图8-7　scope属性是JSON对象

（4）代码分析。

在本示例的JavaScript代码中，当定义名称为tsJson的指令时，首先，添加scope属性，并将该属性值定义为一个JSON对象，在这个对象中，分别运用三种绑定策略实现子作用域与父作用域间的属性和方法互通。绑定的过程是，先在指令元素中创建如a-attr或b-attr的属性，由于HTML不区分大小写，因此，在定义属性名时，不使用驼峰写法，而改用"-"隔开的形式。然后，在scope值中对创建的属性按策略进行绑定，在绑定过程中，策略符后面修改成对应的驼峰写法，如属性名称为a-attr，采用第一种策略绑定时，则写成@aAttr；最后，在scope值中绑定后的属性，就可以在link()函数中使用了。

当单击"重置"按钮时，触发link()函数中绑定的click事件，在事件中，先执行策略绑定的父作用域的方法reSet()，并重置子作用域中名为textName和textAge的两个属性，由于这两个属性与父作用域绑定的策略不同，前者是"@绑定"，后者是"＝绑定"，因此，当textAge属性值修改后，对应的父作用域中对应的值也随之修改。

需要特别说明的是，由于在指令中的绑定策略不同，在指令元素中，属性绑定属性值也会有些变化，使用"@绑定"方式绑定的属性，绑定属性值的方式为"{{ }}"即双大括号，而使用"＝绑定"方式绑定的属性，绑定属性值的方式为"＝"即等号，这点在使用时需要注意。

8.4 AngularJS 指令对象的 require 和 controller 属性

下面介绍定义指令对象时可以添加的最后两个属性——require 和 controller。这两个属性常用于多个自定义的指令元素嵌套时，即当某一个子元素指令需要与父元素指令通信时，就需要添加并使用这两个属性值。

8.4.1 require 和 controller 属性的概念

require 属性在创建子元素指令时添加，它的属性值用于描述与父元素指令通信时的方式，如"^"符号表示向外层寻找指定名称的指令，"?"符号表示即时没有找到，也不会出现异常，如用下列代码来表示 require 属性的值。

```
require:"^?myDirective"
```

上述代码表示，向外层寻找名称为 myDirective 的指令，如果没有找到，则不出现异常，而这种向外层的方式，也包括自己本身。也就是说，可以在自己本身寻找其他名称的指令。

与 require 属性不同，controller 属性值是一个构造型函数，在创建父元素指令时添加，可以在该函数中添加多个方法或属性。添加后，这些方法和属性都会被实例对象所继承，而这个实例对象则是子元素指令中 link() 函数的第 4 个参数。也就是说，当在子元素指令中添加了 require 属性，并通过属性值指定父元素指令的名称时，就可以通过子元素指令中 link() 函数的第 4 个参数来访问父元素指令中 controller 属性添加的方法，因为这个参数是父元素指令的实例。

与在子元素指令中访问父元素的方法不同，在父元素中，当添加构造函数时，函数中的参数就是子元素指令中的 scope 对象，代码如下所示。

```
controller: function(){
    this.a = function(childDirective){
        //方法 a 的函数体
    }
}
```

在上述代码中，controller 属性值对应一个构造函数，在函数中，this 代表父元素指令本身，方法 a 是构造函数中的一个任意方法，在定义这个方法时，形参 childDirective 就是子元素指令中的 scope 对象。通过这种方式，在父元素中，就可以很轻易访问子元素指令中的 scope 对象。

8.4.2 一个使用 require 和 controller 属性的示例

为了更加详细地说明在自定义指令中 require 和 controller 属性的使用方法，下面通过一个简单的完整示例演示这两个属性值配合使用的过程。

示例 8-8　一个使用 **require** 和 **controller** 属性的示例

（1）功能说明。

自定义两个名称分别为 tsParent 和 tsChild 的指令，并在这两个指令中分别添加名为 ptip 和 ctip 的属性，并通过双大括号的方式将属性值显示在指令元素中。此外，在 tsParent 指令元素中再添加一个"换位"按钮，单击该按钮后，两个指令中绑定的属性值内容进行互换。

（2）实现代码。

在 WebStorm 开发工具中，新建一个 HTML 文件 8-8.html，加入如代码清单 8-8 所示的代码。

代码清单 8-8　一个使用 **require** 和 **controller** 属性的示例

```html
<!DOCTYPE html>
<html ng-app="a8_8">
<head>
    <title>一个使用 require 和 controller 属性的示例</title>
    <script src="Script/angular.min.js"></script>
    <style type="text/css">
        .frame {
            padding: 2px 8px;
            margin: 0px;
            font-size: 12px;
            width: 320px;
            background-color: #eee;
        }
        .tip {
            font-size: 9px;
            color: #666;
            margin: 3px 0px;
            padding: 5px 0px;
        }
    </style>
</head>
<body>
    <div class="frame">
        <ts-parent>
            <div class="tip">
                {{ptip}}
            </div>
            <ts-child>
                <div class="tip">
                    {{ctip}}
                </div>
            </ts-child>
            <button ng-click="click()">
                换位
```

```
            </button>
        </ts-parent>
    </div>
    <script type="text/javascript">
        angular.module('a8_8', [])
        .directive('tsParent', function () {
            return {
                restrict: 'EAC',
                controller: function (
                $scope, $compile, $http) {
                this.addChild = function (c) {
                    $scope.ptip = "今天天气不错!";
                    $scope.click = function () {
                        $scope.tmp = $scope.ptip;
                        $scope.ptip = c.ctip;
                        c.ctip = $scope.tmp;
                    }
                }
            }
        };
    })
    .directive('tsChild', function () {
        return {
            restrict: 'EAC',
            require: '^?tsParent',
            link: function (scope, iEle, iAttrs, ctrl) {
                scope.ctip = '气温正好18摄氏度.';
                ctrl.addChild(scope);
            }
        };
    });
    </script>
</body>
</html>
```

（3）页面效果。

执行的效果如图 8-8 所示。

（4）代码分析。

在本示例的 JavaScript 代码中，首先，在自定义名称为 tsChild 指令时，添加了 require 属性，并将它的属性值设置为^?tsParent，表示向外寻找名称为 tsParent 的指令；设置完成后，在添加的 link() 函数中通过 scope 对象向所辖的作用域中添加名为 ctip 的属性，便于在指令元素中通过双大括号绑定显示。

其次，在自定义名称为 tsChild 的指令时，通过 link() 函数中的第 4 个参数访问 tsParent 指令中 controller() 函数中定义的方法，并将指令元素所在的 scope 对象作为实参传递给名称为 tsParent() 指令，从而实现在子级指令中访问上级指令中方法的功能。

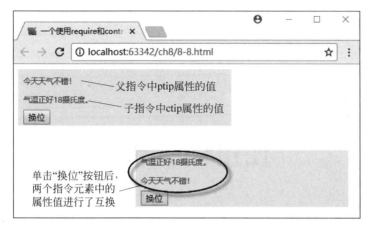

图 8-8　一个使用 require 和 controller 属性的示例

　　最后，在自定义名称为 tsParent 的指令时，添加 controller() 函数，并在函数中构建一个名称为 addChild() 的方法，用于子级指令的调用，并通过在调用过程中该方法传来的实参，获取子级指令中的 scope 对象，再将本作用域中的 ptip 属性与获取的子作用域中的 ctip 属性的值进行互换，从而实现在父级指令中访问子级指令中属性的功能。

8.5　本章小结

　　自定义指令不仅是 AngularJS 框架中一个非常重要的功能，还能为开发可复用的控件提供强大的支持，因此，学习和掌握本章内容十分重要。本章中首先讲解最基础的创建指令的概念；然后，由浅入深地分别介绍了在自定义指令时 transclude、link、compile、scope 属性的使用方法和技巧；最后，通过一个简单的示例介绍了 require 和 controller 两个属性使用的方法。

第⟨9⟩章

使用$location

本章学习目标

● 掌握 $location 对象中方法的调用；

● 理解 $location 对象中事件应用的方法；

● 了解 $location 对象中路由模式和地址变更方法。

9.1　初识 $ location

$location 服务封装了原始 JavaScript 中 location 对象的属性和方法,因此,它可以轻松获取地址栏中的 URL 地址,同时,还能动态修改获取的 URL 地址,并作用到地址栏中。

9.1.1　调用 $ location 对象的只读类方法

在页面控制器中注入了 $location 服务后,便可以对象的形式直接使用服务了。总体来说, $location 对象包含了多个方法,这些方法如果按执行方式来划分,又可以分为只读和读写这两大类。只读类指的是只能执行方法,不能通过方法修改对象中的属性值;读写类指的是不仅可以通过执行方法获取对象中的属性,还可以通过方法传递的参数修改默认属性的值。

在 $location 对象中,只读类的常用方法包含下面几个。

• absUrl()：该方法用于返回 URL 地址中编码后的完整内容,其中包含了 hash 片段、端口号、请求协议名称等。

• protocol()：该方法用于返回 URL 地址中请求的协议名称,包括常见的 HTTP 或 HTTPS 等。

• host()：该方法用于返回 URL 地址中请求的主机名称,例如 URL 地址为 http://www.rttop.cn/,那么返回的内容是 www.rttop.cn。

• port()：该方法用于返回 URL 地址中请求的端口号,在通常情况下,默认的端口号为"80"，如果 URL 地址为 http://www.rttop.cn:9090/，则该执行方法后，返回的内容是"9090"。

接下来通过一个简单的示例演示调用＄location 对象只读类方法的过程。

示例 9-1 调用＄location 对象的只读类方法

(1) 功能说明。

在页面中，通过调用＄location 对象的只读类方法，分别显示地址栏中 URL 的完整地址、协议名称、请求主机和端口的名称。

(2) 实现代码。

在 WebStorm 开发工具中，新建一个 HTML 文件 9-1.html，加入如代码清单 9-1 所示的代码。

代码清单 9-1 调用＄location 对象的只读类方法

```html
<!DOCTYPE html>
<html ng-app="a9_1">
<head>
    <title>调用＄location 对象的只读类方法</title>
    <script src="Script/angular.min.js"></script>
    <style type="text/css">
        .frame {
            padding: 5px 8px;
            margin: 0px;
            font-size: 12px;
            width: 320px;
            background-color: #eee;
        }
            .frame div {
                margin: 3px 0px;
            }
    </style>
</head>
<body>
    <div class="frame" ng-controller="c9_1">
        <div>
            绝对地址:{{absUrl}}
        </div>
        <div>
            协议名称:{{protocol}}
        </div>
        <div>
            请求主机:{{host}}
        </div>
        <div>
            请求端口:{{port}}
        </div>
    </div>
```

```
    < script type = "text/javascript">
        angular.module('a9_1', [])
        .controller('c9_1',
        function ( $ scope, $ location) {
            $ scope.absUrl  =  $ location.absUrl();
            $ scope.protocol  =  $ location.protocol();
            $ scope.host  =  $ location.host();
            $ scope.port  =  $ location.port();
        });
    </script>
</body>
</html>
```

（3）页面效果。

执行的效果如图 9-1 所示。

图 9-1　调用 $ location 对象的只读类方法

（4）代码分析。

在本示例的 JavaScript 代码中，当 $ location 服务注入到控制器代码中，便能以对象的形式调用注入的服务，由于 $ location 服务是对 JavaScript 中 location 对象的封装，因此，$ location 服务提供的 API，从本质上来讲，是与 location 对象中的属性相对应的。例如，$ location. absUrl()方法对应调用 location. href 属性，$ location. host()方法对应调用 location. host 属性等。

虽然 $ location 和 window. location 对象存在互通之处，但两者并不完全相同，前者是经过封装之后的，并且能与 AngularJS 很好地集合在一起，同时，还能与 HTML 5 提供的 API 进行无缝结合，而后者仅仅提供了一个没有经过任何加工的原始对象，附带一些可以直接修改的属性；从功能和稳定性来说，前者明显优于后者。

9.1.2　调用 $ location 对象的读写类方法

在 $ location 对象中，除提供只读类方法之外，还提供了读写类的方法。读写类方法在调用时有一个非常明显的特征，那就是在调用方法时如果不带参数，则返回方法获取的内容；如果带参数，则重置方法对应的内容，并且重置后都返回一个相同的 $ location 对象，以实现后续代码的链式写法,这种风格与 jQuery 中的方法非常相似,如下列代码是允许的。

```
$location.path('/value').search({key:value});
```

在上述代码中,$location 对象在修改当前路径后,首次返回一个 $location 对象,在这个对象的基础上,重置了 URL 中的查询字符串的内容,重置成功后,将再次返回一个 $location 对象,而这两次返回的 $location 对象都是相同的。

在 $location 对象中,读写类的常用方法包含下面几个。

- url:不带参数时,返回 URL 地址栏中♯后的内容;如果带参数,则修改地址栏中♯后的内容,修改后返回一个 $location 对象。
- hash:不带参数时,返回 URL 地址栏中 hash 片段内容;如果带参数,则修改地址栏中的 hash 片段内容,修改后返回一个 $location 对象。
- search:不带参数时,返回 URL 地址栏中查询字符串内容;如果带参数,则修改地址栏中的查询字符串内容,修改后返回一个 $location 对象。
- path:不带参数时,返回页面当前的路径;如果带参数,则修改页面当前的路径,修改后返回一个 $location 对象。

接下来通过一个简单的示例来演示调用 $location 对象读写类方法的过程。

示例 9-2 调用 $location 对象的读写类方法

(1)功能说明。

在页面中,通过调用 $location 对象的读写类方法,分别显示页面当前的路径、hash 片段、♯后的内容和查询字符串内容,单击"修改"按钮后,重置 URL 中的查询字符串内容。

(2)实现代码。

在 WebStorm 开发工具中,新建一个 HTML 文件 9-2.html,加入如代码清单 9-2 所示的代码。

代码清单 9-2 调用 $location 对象的读写类方法

```html
<!DOCTYPE html>
<html ng-app="a9_2">
<head>
    <title>调用 $location 对象的读写类方法</title>
    <script src="../Script/angular.min.js"></script>
    <style type="text/css">
        .frame {
            padding: 5px 8px;
            margin: 0px;
            font-size: 12px;
            width: 320px;
            background-color: #eee;
        }

            .frame div {
                margin: 3px 0px;
```

```
                }
        </style>
</head>
<body>
    <div class="frame" ng-controller="c9_2">
        <div>页面地址:{{url}}</div>
        <div>hash 片段:{{hash}}</div>
        <div>查询字符:{{search}}</div>
        <div>页面路径:{{path}}</div>
        <button ng-click="click_a()">修改</button>
    </div>
    <script type="text/javascript">
        angular.module('a9_2', [])
        .controller('c9_2', function($scope, $location) {
            $scope.url = $location.url()
            $scope.hash = $location.hash()
            $scope.search = $location.search();
            $scope.path = $location.path();
            $scope.click_a = function() {
                $location.search({ c: '3', d: '4' });
            }
        });
    </script>
</body>
</html>
```

（3）页面效果。

执行的效果如图 9-2 所示。

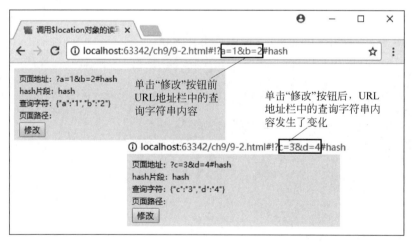

图 9-2　调用 $ location 对象的读写类方法

（4）代码分析。

在本示例的 JavaScript 代码中,由于 $ location 对象中的读写类方法近似于 jQuery 的方法,因此,如果想获取而不修改对象中的属性,则直接调用方法的名称,且括号中不带任何参数；如果想修改对象中的属性，则将修改的内容添加至执行方法的括号中即可，使用非常方便。

在使用 search() 方法修改查询字符串时，如果方法中的参数是对象，则对象中的所有键和值都将作用于参数；如果方法中的参数是单个字符，则直接以 q＝String 的形式设置在 URL 上；如果方法中的参数是 key/value 形式，则以 key＝value 形式设置在 URL 上。

每一个修改内容的方法，在修改成功后，都将返回一个 $location 对象，用于后续的调用，也正是返回的这个对象，使得多个 $location 对象中的方法可以采用链式的写法。此外，每次修改 $location 对象并不会立即改变 URL 的内容，修改是先聚集在一起，在生命周期结束时被执行的。

另外，在 $location 对象中，还有一个比较重要的方法——replace()，它的功能是取消浏览器导航条中"后退"按钮的功能。例如，当用户在表单中提交数据后，进入提交成功页面，此时，调用 replace() 方法，则可以取消"后退"按钮的功能，防止表单中的数据重复提交。

9.2　$location 对象的事件

当通过 $location 对象修改 URL 地址时，将会触发多个 $location 对象内置的事件，在改变 URL 地址前，将触发 $locationChangeStart 事件，该事件可以被 preventDefault() 方法阻止。URL 地址成功修改后，将触发 $locationChangeSuccess 事件，通过绑定这些事件，可以侦测用户的登录和授权的状态，并根据这些状态进行下一步的操作。

9.2.1　$locationChangeStart 事件

AngularJS 在地址栏中的 URL 发生变化之前，会触发 $locationChangeStart 事件，在这个事件中，$location 服务将开始加载 URL 变化时的各种所需的依赖，该事件在触发时带有三个参数，分别如下。
- evt 对象，表示触发时原始的事件对象。
- current，表示当前的 URL 地址。
- previous，表示上一级的 URL 地址，如果是首次加载，那么该值为 undefined。

接下来通过一个简单的示例演示 $locationChangeStart 事件触发时的过程。

示例 9-3　捕捉 $locationChangeStart 事件

（1）功能说明。

在绑定的 $locationChangeStart 事件中，分别将当前页和上一页的 URL 地址作为 $scope 对象的属性值，当触发该事件时，通过双大括号的方式，将属性值显示在页面中。

（2）实现代码。

在 WebStorm 开发工具中，新建一个 HTML 文件 9-3.html，加入如代码清单 9-3 所示的代码。

代码清单 9-3　捕捉 $ locationChangeStart 事件

```html
<!DOCTYPE html>
<html ng-app="a9_3">
<head>
    <title>捕捉 $ locationChangeStart 事件</title>
    <script src="Script/angular.min.js"></script>
    <style type="text/css">
        .frame {
            padding: 5px 8px;
            margin: 0px;
            font-size: 12px;
            width: 320px;
            background-color: #eee;
        }
            .frame div {
                margin: 5px 0px;
            }
    </style>
</head>
<body>
    <div class="frame" ng-controller="c9_3">
        <div>当前 URL:{{current}}</div>
        <div>上页 URL:{{previous}}</div>
    </div>
    <script type="text/javascript">
        angular.module('a9_3', [])
        .controller('c9_3',
            function ( $ rootScope, $ window, $ location, $ scope) {
            $ rootScope. $ on(' $ locationChangeStart',
                function (evt, current, previous) {
                $ scope.current = current;
                $ scope.previous = previous;
            });
        });
    </script>
</body>
</html>
```

（3）页面效果。

执行的效果如图 9-3 所示。

（4）代码分析。

在本示例的 JavaScript 代码中,当绑定 $ locationChangeStart 事件时,调用的是名为 $ rootScope 的注入对象,其实也可以使用控制器中注入的 $ scope 对象。两者的区别在于, $ rootScope 对象面对的是页面中的各个控制器,通过 $ rootScope 对象绑定的事件,在各个控制器中都会触发生效,而 $ scope 对象只是针对某一个控制器,这是两者间的最大不同。

图 9-3　捕捉 $ locationChangeStart 事件

在 AngularJS 中,绑定对象的事件调用 $ on()方法,该方法的格式如下。

```
obj. $ on(eventName,Fn)
```

其中,obj 表示需要绑定事件的对象,在本示例中为 $ rootScope;eventName 表示绑定的事件名称;Fn 表示事件触发时执行的函数体。这种绑定对象的事件的风格与 jQuery 十分相似。

9.2.2　$ locationChangeSuccess 事件

与 $ locationChangeStart 事件不同, $ locationChangeSuccess 事件是当 URL 地址完成改变后触发。可以这样来理解这两个事件之间的关系:在 $ locationChangeSuccess 事件触发之前,一定触发了 $ locationChangeStart 事件,但触发了 $ locationChangeStart 事件,不一定就会触发 $ locationChangeSuccess 事件,因为这个事件同样也可以通过调用 event. preventDefault()方法来进行取消。

另外,在 $ locationChangeSuccess 事件中,也包含了 evt、current 和 previous 三个参数,它们表示的含义也与 $ locationChangeStart 事件一致,在此不再赘述。

接下来通过一个简单的示例演示 $ locationChangeSuccess 事件触发时的过程。

示例 9-4　捕捉 $ locationChangeSuccess 事件

(1) 功能说明。

当地址栏中的 URL 发生变化时,弹出一个选择式对话框,如果单击"确定"按钮后,则改变 URL 地址,否则,不改变当前的 URL 地址,同时,在页面中显示改变前和改变后的提示信息,并将改变前和当前页的 URL 地址显示在页面中。

(2) 实现代码。

在 WebStorm 开发工具中,新建一个 HTML 文件 9-4. html,加入如代码清单 9-4 所示的代码。

代码清单 9-4 捕捉 $ locationChangeSuccess 事件

```html
<!DOCTYPE html>
<html ng-app="a9_4">
<head>
    <title>捕捉 $ locationChangeSuccess 事件</title>
    <script src="Script/angular.min.js"></script>
    <style type="text/css">
        .frame {
            padding: 5px 8px;
            margin: 0px;
            font-size: 12px;
            width: 320px;
            background-color: #eee;
        }
        .frame div {
            margin: 5px 0px;
        }
    </style>
</head>
<body>
    <div class="frame" ng-controller="c9_4">
        <div>当前状态1:{{tip_a}}</div>
        <div>当前 URL:{{current}}</div>
        <hr/>
        <div>当前状态2:{{tip_b}}</div>
        <div>上页 URL:{{previous}}</div>
    </div>
    <script type="text/javascript">
        angular.module('a9_4', [])
        .controller('c9_4',
        function ( $ rootScope, $ window,
                $ location, $ log, $ scope) {
            $ rootScope. $ on(' $ locationChangeStart',
            function (evt, current, previous) {
                $ scope.tip_a = "URL 地址即将发生改变!";
                var yn = $ window.confirm('确定真的要离开吗? ');
                if (yn) {
                    $ location.path('/change');
                    return;
                }
                evt.preventDefault();
                $ scope.tip_b = "用户取消了 URL 的改变!";
                $ scope.current = current;
                $ scope.previous = previous;
                return;
            });
            $ rootScope. $ on(' $ locationChangeSuccess',
            function (evt, current, previous) {
```

```
                    $ scope.tip_b = "URL 地址改变操作完成!";
                    $ scope.current = current;
                    $ scope.previous = previous;
                });
            });
        </script>
    </body>
</html>
```

（3）页面效果。

执行的效果如图 9-4 所示。

图 9-4　捕捉 $ locationChangeSuccess 事件

（4）代码分析。

在本示例的 JavaScript 代码中,页面在刷新时将执行绑定的 $ locationChangeStart 事件,在该事件中,先显示改变时的提示信息,然后,弹出选择式的对话框,并将所选的值赋给变量 yn,当用户单击"确定"按钮时,则变量 yn 的值为 true,此时,调用 $ location.path()方法,修改当前 URL 中的路径,并直接跳转到 ♯/change 地址中,从而实现当前 URL 改变的效果。

一旦页面实现了 URL 的改变,将触发绑定的 $ locationChangeSuccess 事件,在该事件中,同样是先显示改变后的提示信息,然后利用事件中的 current 和 previous 参数获取上一页和当前页的 URL 地址,并作为 $ scope 对象的属性值,用于显示在页面中。

当用户单击弹出选择式对话框中的"取消"按钮时,则变量 yn 的值为 false,此时,将调用 evt.preventDefault()方法,取消 URL 改变事件,并显示当前页面的操作状态,同时,通过事件参数获取上一页及当前页的 URL 地址并显示在页面中,最后,结束当前的操作,停留在当前页中。

9.3 路由模式和地址变更

路由的模式分为标签(hashbang)和 HTML 5 这两种模式。在浏览器的地址栏中,不同的路由模式将导致地址栏中 URL 格式的不同;在开发 AngularJS 应用时,可以在模板加载时,手动设置路由的这两种模式,并且这两种模式既有关联又存在区别。此外,还可以实现路由对象方法的双向绑定。接下来详细介绍这两种模式的使用方法。

9.3.1 标签模式

标签模式是 AngularJS 默认使用的浏览器模式,它是 HTML 5 模式的一个降级方案,用于满足一些不支持 HTML 5 模式的浏览器,在使用标签模式时,URL 将以一个"♯"符号开头,后面紧跟一个"!"符号,表明这是一种标签模式,这个默认的"!"符号可以通过 hashPrefix 属性进行重置。由于标签模式不会重新加载 URL 请求,因此,这种模式也不需要服务端的支持。

虽然标签模式是浏览器默认的路由模式,但也可以调用配置方法,通过注入的 $locationProvider 对象中的 html5Mode()方法进行自定义设置,格式如下。

```
$locationProvider.html5Mode(boolean || obj)
```

在上述代码中,html5Mode()方法支持两种设置格式:一种是布尔类型的,例如当在方法的括号中添加一个布尔值 true 时,表示支持 HTML 5 模式,添加 false 值时,表示默认的标签模式;另外一种是 JSON 对象类型,如在方法的括号中添加{enabled:true}时,表示支持 HTML 5 模式,添加{enabled:false}时,表示默认的标签模式。

除了调用 $locationProvider 对象中的 html5Mode()方法配置浏览器的路由模式外,还可以调用对象中的 hashPrefix()方法自定义标签模式中的 bang 标识符,格式如下。

```
$locationProvider.hashPrefix(strBangName)
```

在上述代码中,方法中的参数 strBangName 就是标签模式中的 bang 标识符,在默认情况下,该字符的值为空,可以通过改变 strBangName 参数的值来自定义 bang 标识符的内容。

接下来通过一个简单的示例演示在标签模式下页面获取 URL 中内容的过程。

示例 9-5 在标签模式下获取页面 URL 中的内容

(1)功能说明。

首先,在新建的页面中通过 config()方法将浏览器的路由模式定义为标签模式,并将模式时的标识符定义为"!!",同时,在控制器中,将 path()和 search()方法获取的内容以属性的形式赋值给 $scope 对象,并通过双大括号的方式显示在页面中。

（2）实现代码。

在 WebStorm 开发工具中，新建一个 HTML 文件 9-5.html，加入如代码清单 9-5 所示的代码。

代码清单 9-5 在标签模式下获取页面 URL 中的内容

```html
<!DOCTYPE html>
<html ng-app="a9_5">
<head>
    <title>标签模式</title>
    <script src="Script/angular.min.js"></script>
    <style type="text/css">
        .frame {
            padding: 5px 8px;
            margin: 0px;
            font-size: 12px;
            width: 320px;
            background-color: #eee;
        }
            .frame div {
                margin: 5px 0px;
            }
    </style>
</head>
<body>
    <div class="frame" ng-controller="c9_5">
        <div>查询字符:{{search}}</div>
        <div>页面路径:{{path}}</div>
    </div>
    <script type="text/javascript">
        angular.module('a9_5', [])
        .config(function ($locationProvider) {
            $locationProvider.html5Mode(false);
            $locationProvider.hashPrefix('!!');
        })
        .controller('c9_5',
        function ($scope, $location) {
            $scope.search = $location.search();
            $scope.path = $location.path();
        });
    </script>
</body>
</html>
```

（3）页面效果。

执行的效果如图9-5所示。

（4）代码分析。

在本示例的 JavaScript 代码中，首先，调用 config()配置方法，将$location 服务的路由模式定义为标签模式，即 hashbang 模式，并且将其中的 bang 定义为"!!"字符，bang 是使用前端 MVC 框架时与浏览器约定的一种符号。

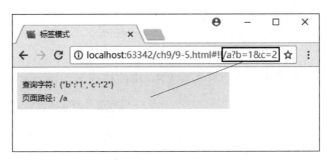

图 9-5　标签模式下获取页面 URL 中的内容

　　然后,在页面的控制器代码中,通过调用 $location 服务的 search() 和 path() 方法,分别获取当前页面中的路径和当前 URL 中的查询字符串内容,由于设置的是标签模式,并且 bang 字符的内容是"!!",因此,无论用户在任何浏览器中输入带有"♯!!"符号的 URL 地址,都可以正确地通过调用 search() 和 path() 方法获取对应的值,并且将获取的值赋值给 $scope 对象,并通过双大括号绑定到页面的元素中,最终将获取的内容显示在页面中。

　　最后,需要说明的是,在标签模式下,自定义的"!!"字符并不属于 path() 获取的内容,它实质上是 hash 的前缀,与 hash 组成另外一部分,因此,使用 path() 方法并不能获取相应的内容。

9.3.2　HTML 5 模式

　　与标签模式不同,HTML 5 模式并不是路由服务的默认方式,因此,如果需要开启 HTML 5 路由模式,必须进行下面两步操作。

　　第一步,必须在 JavaScript 代码中,通过调用 config() 方法对路由服务的模式进行配置,主要的配置代码如下。

```
$ locationProvider.html5Mode(true)
```

　　在上述代码中,$locationProvider 为调用 config() 方法时注入的路由服务对象,执行上述代码后,路由服务才正式开启了 HTML 5 模式,既然开启了 HTML 5 路由模式,那么,就可以通过 HTML 5 history API 与浏览器 URL 地址交互,实现 $location 对象方法的获取与重置功能。如果浏览器不支持 HTML 5 history API,那么,路由服务将自动转成标签模式进行处理,因此,开发人员不必担心应用在各个浏览器的执行效果,路由服务会自动择优处理。

　　第二步,必须在服务端进行相关配置,在代码中将路由服务设置为 HTML 5 模式,这还不能完全确保页面的正常浏览。为了实现 HTML 5 模式对低端浏览器的更好支持,还需要在服务端进行相应的配置,通常的做法是,把应用内部的所有链接都指向一个 HTML 页面,并且这个页面的名称最好命名为 index.html,用于实现用户在浏览器中直接输入各种路由地址时的重定向功能。

　　接下来通过一个简单的示例演示在 HTML 5 模式下页面获取 URL 中内容的过程。

示例 9-6　在 HTML 5 模式下获取页面 URL 中的内容

（1）功能说明。

在示例 9-5 的基础上，通过 config() 方法将浏览器的路由模式定义为 HTML 5 模式，并将模式时的标识符定义为"!!!"，并分别调用路由对象的 absUrl() 和 hash() 方法，将获取的内容显示在页面指定的元素中。

（2）实现代码。

在 WebStorm 开发工具中，新建一个 HTML 文件 9-6.html，加入如代码清单 9-6 所示的代码。

代码清单 9-6　在 HTML 5 模式下获取页面 URL 中的内容

```html
<!DOCTYPE html>
<html ng-app="a9_6">
<head>
    <title>HTML 5 模式</title>
    <script src="Script/angular.min.js"></script>
    <style type="text/css">
        .frame {
            padding: 5px 8px;
            margin: 0px;
            font-size: 12px;
            width: 320px;
            background-color: #eee;
        }
            .frame div {
                margin: 5px 0px;
            }
    </style>
    <base href="/" />
</head>
<body>
    <div class="frame" ng-controller="c9_6">
        <div>完整地址:{{absUrl}}</div>
        <div>hash 片段:{{hash}}</div>
    </div>
    <script type="text/javascript">
        angular.module('a9_6', [])
        .config(function ($locationProvider) {
            $locationProvider.html5Mode(true);
            $locationProvider.hashPrefix('!!!');
        })
        .controller('c9_6', function ($scope, $location) {
            $scope.absUrl = $location.absUrl();
            $scope.hash = $location.hash();
        });
    </script>
</body>
</html>
```

（3）页面效果。

执行的效果如图 9-6 所示。

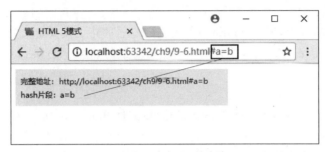

图 9-6　在 HTML 5 模式下获取页面 URL 中的内容

（4）代码分析。

在本示例的 JavaScript 代码中，首先，通过调用 config()方法，将 html5Mode 的值设置为 true，表示开启 HTML 5 路由模式，并且将标签模式下的 bang 值定义为"!!!"字符内容，经过这两项的设置之后，如果浏览器支持 HTML 5 history API，那么 URL 地址浏览正常，并且可以显示调用 $location 对象方法获取的内容值，如图 9-6 所示。

如果是低端浏览器，并不支持 HTML 5 history API，那么，路由服务将进行降级处理，自动跳转至标签模式，而这个跳转的动作实质上也是一个重写 URL 的过程，因此，为确保这一过程的顺利执行，后端的服务器必须支持这种 URL 的重写，将所有的请求都返回到 index.html 页面，只有这样，才能实现由 AngularJS 应用本身来控制路由，否则，如果服务端不支持 URL 重写，执行过程中将会出现异常页。

9.3.3　路由对象方法的双向绑定

在 AngularJS 内部，并不支持 $location 对象提供的方法与页面中的元素进行双向的数据绑定。如果要实现这种效果，则需要将对象的方法定义为元素的 model 属性值，专门用于绑定 model 属性，并且添加两个 watch()方法，当 $location 更新时，分别向元素和控制器相互推送更新信息。

接下来通过一个简单的示例演示路由对象方法的双向绑定的过程。

示例 9-7　路由对象方法的双向绑定

（1）功能说明。

在页面中，添加一个类型为输入框的 input 元素，用于用户的任意输入，并在该元素中添加 ng-model 属性，绑定一个名称为 locationPath()的自定义路由方法，当用户在输入框中输入任意字符时，将动态改变浏览器中的 URL 的路径，并在页面中显示输入的值，实现双向绑定的效果。

（2）实现代码。

在 WebStorm 开发工具中，新建一个 HTML 文件 9-7.html，加入如代码清单 9-7 所示的代码。

代码清单 9-7 路由对象方法的双向绑定

```
<!DOCTYPE html>
<html ng-app="a9_7">
<head>
    <title>路由对象方法的双向绑定</title>
    <script src="Script/angular.min.js"></script>
    <script src="Script/angular-route.min.js"></script>
    <style type="text/css">
        .frame {
            padding: 5px 8px;
            margin: 0px;
            font-size: 12px;
            width: 320px;
            background-color: #eee;
        }
        .frame div {
            margin: 3px 0px;
        }
    </style>
</head>
<body>
    <div class="frame"
        ng-controller="c9_7">
        <div>
            <input id="Text1"
                        type="text"
                        ng-model="locationPath" />
        </div>
        <div>{{locationPath}}</div>
    </div>
    <script type="text/javascript">
        angular.module('a9_7', ['ngRoute'])
        .controller("c9_7",
        function ($scope, $location) {
            $scope.$watch('locationPath', function (path) {
                $location.path(path);
            });
            $scope.$watch('$location.path()',
            function (path) {
                $scope.locationPath = path;
            });
        })
    </script>
</body>
</html>
```

（3）页面效果。

执行的效果如图 9-7 所示。

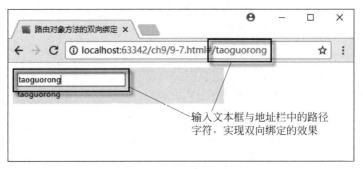

图 9-7　路由对象方法的双向绑定

（4）代码分析。

在本示例的 JavaScript 代码中，为了实现路由对象中 path()方法的双向绑定，在页面的控制器代码层中，添加了两个 watch()方法：一个名称为 locationPath()，用于重置地址栏中 URL 对应的路径值；另一个名称为 $location.path()，用于将获取的路径值赋值给名称为 locationPath 的属性。通过这样的设置后，当将 locationPath 值与元素的 ng-model 属性绑定后，用户在文本框中输入任意字符时，即可实现输入与重置地址栏中路径值的双向绑定效果。

9.4　本章小结

本章先从路由 $location 的基础知识讲起，介绍了它的获取和重置内容的实现方法；然后，通过简单示例演示的方式，向读者介绍了浏览器在进行路由过程中触发的相应事件，以及处理事件代码和编写代码时的一些技巧；最后，重点介绍了路由的执行模式，通过一个简单高效的示例，详细介绍了路由模式涉及的方方面面。通过本章的学习，读者能够全面了解并掌握路由 $location 的基础和使用方法，为后面章节的相关学习打下基础。

第 ⟨10⟩ 章

AngularJS注意事项和最佳实践

本章学习目标

- 掌握 AngularJS 中页面元素控制的方法；
- 理解 ng-repeat 指令使用时的注意事项；
- 掌握事件的冒泡和 ng-model 指令值无效的解决方法。

10.1　页面元素的控制

　　客观来说，使用了 AngularJS 框架，建议就不要再调用 jQuery 框架，以避免两者之间在调用方法时产生冲突。另外，AngularJS 内含 jQLite——它是 jQuery 的一个子集，许多简单功能、方法以及页面元素操作、事件绑定功能都可以直接通过该框架来实现，而 AngularJS 中的 $http 服务则完全可以取代 jQuery 框架中的 $.ajax 的相关函数。

　　因此，初学者在使用 AngularJS 开发应用时，需要尽量避免调用 jQuery 框架来定位元素，包括增加或删除节点元素，而应该尽量调用 AngularJS 中的方法或编写自己的指令（directives）来实现。

　　此外，在 AngularJS 中，许多原有的 JavaScript 方法在绑定元素属性时，并不能实现相应的功能，而必须调用 AngularJS 中的内部方法，如 setTimeout() 方法，同时，在使用双大括号的方式绑定页面元素时，在首次加载中会出现闪烁的效果。接下来逐一进行介绍。

10.1.1　调用 element() 方法控制 DOM 元素

　　在使用 AngularJS 框架开发应用时，尽量不要直接通过 JavaScript 代码直接操作 DOM 元素，也不要引入 jQuery 框架来操作 DOM 元素，而是通过 AngularJS 内部的 jQLite 来操作，代码如下。

```
angular.element(element)
```

上述代码中,形参 element 的类型为字符,它的值是一个字符串或 DOM 元素,它的功能是调用 AngularJS 内部的 jQLite 库,返回一个 jQuery 对象。

接下来通过一个简单的示例演示调用 element()方法控制 DOM 元素的过程。

示例 10-1　调用 element()方法控制 DOM 元素

(1) 功能说明。

在页面中添加两个按钮,单击第一个按钮"添加元素"后,将在页面中显示新添加的 div 元素;单击第二个按钮"删除元素"后,将移除新添加的 div 元素。

(2) 实现代码。

在 WebStorm 开发工具中,新建一个 HTML 文件 10-1. html,加入如代码清单 10-1 所示的代码。

代码清单 10-1　调用 element()方法控制 DOM 元素

```html
<!DOCTYPE html>
<html ng-app="a10_1">
<head>
    <title>调用 element()方法控制 DOM 元素</title>
    <script src="Script/angular.min.js"></script>
    <style type="text/css">
        .frame {
            padding: 5px 8px;
            margin: 0px;
            font-size: 12px;
            width: 320px;
            background-color: #eee;
        }
        .frame div {
            margin: 10px 0px;
        }
    </style>
</head>
<body>
    <div ng-controller="c10_1"
        class="frame"
        id="control">
        <button ng-click="add()">
            添加元素
        </button>
        <button ng-click="del()">
            删除元素
        </button>
    </div>
    <script type="text/javascript">
        angular.module('a10_1', [])
            .controller('c10_1',
            function ($scope, $compile) {
```

```
                $ scope. hello = 'Hello, AngularJS!';
                $ scope. log = function () {
                    console. log('这是动态添加的方法!');
                }
                var html = "< div ng - click = 'log()'>" +
                            "{{hello}}</div >";
                var template = angular. element(html);
                var newHtml = $ compile(template)( $ scope);
                $ scope. add = function () {
                    angular. element(document
                        . getElementById("control"))
                        . append(newHtml);
                }
                $ scope. del = function () {
                    if (newHtml) {
                        newHtml. remove();
                    }
                }
            });
        </script >
    </body >
</html >
```

（3）页面效果。

执行的效果如图 10-1 所示。

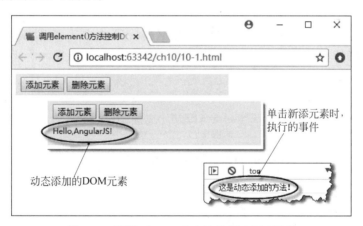

图 10-1　调用 element()方法控制 DOM 元素

（4）代码分析。

在本示例的 JavaScript 代码中，在构建控制器时，除注入 ＄scope 服务外，还注入了 ＄compile 服务，注入后者的目的是初始化相关的依赖，并对生成的 jQuery 对象 template 进行编译，以便于调用 append()方法，将编译后的内容追加到指定 ID 号的 div 元素中，实现动态添加元素的功能。

在进行编译之前，先定义了一个名为 html 的字符串变量，用于保存需要添加的元素字符,在字符中,可以直接使用 ng-click 指定需要绑定的函数名,然后,调用 AngularJS 内部的 element()方法将字符串转换为一个 jQuery 对象,最后,才将该对象调用 $compile 服务进行编译。

需要说明的是,调用 element()方法可以非常方便地动态创建元素,并且在创建过程中还可以为元素绑定事件,而这些功能的实现都是基于 AngularJS 内部自带的 jQLite 库,而无须再导入 jQuery 库,因此,这种创建 DOM 元素的方法非常实用和高效,值得推荐使用。

10.1.2 解决 setTimeout()改变属性的无效

在 JavaScript 中,setTimeout()是 window 对象中的一个方法,它的功能是在指定的时间之后执行对应的函数或表达式。在 AngularJS 中,如果想使用 setTimeout()方法来同步属性值,则不能达到相应的效果,这是由于在 AngularJS 中,大部分操作之后的效果都由 $apply()方法自动在页面中完成。但如果调用了非 AngularJS 中的方法或函数,如 setTimeout()方法,那么系统就不会调用 $apply()方法在页面中同步操作结果,导致该方法执行后,并没有改变页面中对应的属性值。

因此,要解决调用 setTimeout()方法不能同步属性值的情况,只需要在 setTimeout()方法中将执行的函数或表达式包含在 $apply()方法中或者直接调用与 setTimeout()方法对应的 $timeout 服务,这样就可以直接在页面中同步函数或表达式操作后的效果。

接下来通过一个简单的示例演示解决 setTimeout()改变属性的无效的过程。

示例 10-2 解决 setTimeout()改变属性的无效

(1) 功能说明。

在页面中,通过双大括号绑定的方式,将控制器代码中的 tip 属性值与一个 p 元素绑定,tip 属性的初始值为 Hello, AngularJS!,5s 后,自动显示为"欢迎来到 AngularJS 世界!"。

(2) 实现代码。

在 WebStorm 开发工具中,新建一个 HTML 文件 10-2.html,加入如代码清单 10-2 所示的代码。

代码清单 10-2 解决 setTimeout()改变属性的无效

```
<!DOCTYPE html>
<html ng-app="a10_2">
<head>
    <title>解决 setTimeout()改变属性的无效</title>
    <script src="Script/angular.min.js"></script>
    <style type="text/css">
        .frame {
            padding: 5px 8px;
            margin: 0px;
            font-size: 12px;
            width: 320px;
            background-color: #eee;
```

```
            }
            .frame p {
                margin: 10px 0px;
            }
        </style>
    </head>
<body>
    <div ng-controller = "c10_2"
        class = "frame">
        <p>{{ tip }}</p>
    </div>
    <script type = "text/javascript">
        angular.module('a10_2', [])
        .controller('c10_2',
        function ( $ scope, $ timeout) {
            $ scope.tip = 'Hello,AngularJS!';
            ////错误写法
            //setTimeout(function () {
            //    $ scope.tip = '欢迎来到 AngularJS 世界!';
            //}, 5 * 1000);
            //正确写法一
            setTimeout(function () {
                $ scope. $ apply(function () {
                    $ scope.tip = '欢迎来到 AngularJS 世界!';
                    });
            }, 5 * 1000);
            ////正确写法二
            // $ timeout(function () {
            //    $ scope.tip = '欢迎来到 AngularJS 世界!';
            //}, 5 * 1000);
        });
    </script>
</body>
</html>
```

（3）页面效果。

执行的效果如图 10-2 所示。

（4）代码分析。

在本示例的 JavaScript 代码中，如果使用错误代码的写法，在控制器中调用 setTimeout() 方法，5s 后重置 tip 属性值的操作，但并不能同步到页面中绑定的 p 元素中，这主要是由于 setTimeout() 方法并不属于 AngularJS 中的内部方法，导致执行时并不触发 $ apply() 方法，所以并不同步至页面。

因此，只要在 setTimeout() 方法中调用 $ apply() 方法，如代码中的正确写法一所示，或者直接调用 AngularJS 内部中与 setTimeout() 方法同功能的 $ timeout() 方法，如代码中的正确写法二所示。需要说明的是，$ timeout() 方法是 AngularJS 内部的一个定时器方法，在调用它之前，必须先注入 $ timeout 服务才能进行调用，通过调用该方法，可以实现控制

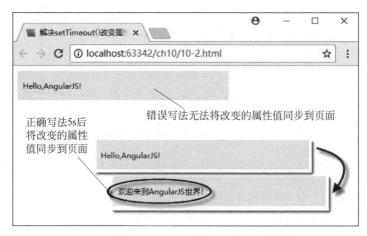

图 10-2　解决 setTimeout()改变属性的无效

器与页面绑定时同步数据的效果。

10.1.3　解决双大括号绑定元素时的闪烁问题

在使用 Chrome 浏览器加载 AngularJS 开发的应用时,如果应用的页面中使用了双大括号绑定数据,那么,页面在首次加载时,会出现"闪烁"现象。所谓"闪烁"现象,指的是页面先出现双大括号字符和括号中绑定的变量名,过几秒后,再显示绑定的数据内容,中间的这段过程称为"闪烁"现象,虽然它非常快,但对于用户的 UI 体验来说,也是非常不友好的。

出现这种现象是因为在通常情况下,只有当页面中的 DOM 元素全部加载完成后,JavaScript 代码才会开始去操作它,同样道理,在 AngularJS 中,也要等到 DOM 元素加载完成后,AngularJS 才会对页面进行解析与渲染,因此,在操作之前,应先对双大括号绑定的元素进行隐藏。

在 AngularJS 内部,可以向元素中添加 ng-cloak 属性来实现元素隐藏的效果,同时,如果是绑定纯文字内容,建议使用 ng-bind 方式,而非双大括号方式来实现数据的绑定。

接下来通过一个简单的示例演示解决双大括号绑定元素时的闪烁问题的过程。

示例 10-3　解决双大括号绑定元素时的闪烁问题

(1) 功能说明。

在页面中,通过 div 元素以双大括号的方式绑定控制器中的一个名为 message 的属性,当页面加载完成时,在 div 元素中显示绑定的 message 属性值。

(2) 实现代码。

在 WebStorm 开发工具中,新建一个 HTML 文件 10-3.html,加入如代码清单 10-3 所示的代码。

代码清单 10-3　解决双大括号绑定元素时的闪烁问题

```
<!DOCTYPE html>
<html ng-app="a10_3">
```

```
< head >
    < title >解决双大括号绑定元素时的闪烁问题</title >
    < script src = "Script/angular.min.js"></script >
    < style type = "text/css">
        .frame {
            padding: 5px 8px;
            margin: 0px;
            font - size: 12px;
            width: 320px;
            background - color: #eee;
        }
        .frame div {
            margin: 10px 0px;
        }
    </style >
</head >
< body >
    < div ng - controller = "c10_3"
        class = "frame">
        < div id = "template"
            ng - cloak >
            {{message}}
        </div >
    </div >
    < script type = "text/javascript">
        angular.module('a10_3', [])
        .controller('c10_3',
        function ( $ scope) {
            $ scope.message = 'Hello,AngularJS!';
        });
    </script >
</body >
</html >
```

（3）页面效果。

执行的效果如图 10-3 所示。

（4）代码分析。

在本示例的页面代码中，由于 p 元素通过双大括号的方式绑定了控制器中的 message 属性，为了防止页面在加载过程中出现“闪烁”现象，向 p 元素添加 ng-cloak 属性。严格来说，ng-cloak 是 AngularJS 的一个指令，添加后，页面会在 head 部分插入一段 CSS 样式，通过这段样式，AngularJS 会将带 ng-cloak 属性的元素进行隐藏，即将它的 display 值设置为 none。

通过这样的设置，p 元素在正式被 AngularJS 解析和渲染之前是隐藏的，直到 AngularJS 解析带有 ng-cloak 属性的 p 元素时，将它的 ng-cloak 属性和样式全部移除，内部代码如下。

图 10-3   解决双大括号绑定元素时的闪烁问题

```
var ngCloakDirective = ngDirective({
    compile: function(element, attr) {
        attr. $ set('ngCloak', undefined);
        element. removeClass('ng - cloak');
    }
});
```

执行上述代码后,p元素才显示在页面中,而这时已包含绑定的数据,通过这种方式来解决双大括号绑定数据时出现的闪烁问题。

10.2   使用 ng-repeat 时的注意事项

在 AngularJS 中,ng-repeat 是一个非常重要的内部指令,它的功能是可以在遍历数组过程中生成 DOM 元素,实现在页面中展示列表数据中的功能。它功能强大,使用简单,但如果使用不当也容易出现一些问题,具体表现为,在使用过程中,如果有过滤器时,调用 $index 并不能准确定位到对应的记录,另外,在调用 ng-repeat 指令重新请求数据时,并不是在原来的 DOM 元素中更新数据,而是再次新建 DOM 元素。此外,在通过 ng-repeat 指令生成的子元素中,如果通过父的 scope 对象更新数据,不能直接更新遍历的数组源,而必须逐个更新。接下来通过示例逐一进行介绍。

10.2.1   注意 ng-repeat 中的索引号

当需要删除使用 ng-repeat 指令遍历后生成的某一个 DOM 元素时,经常会调用 index 索引号来定位需要删除元素的内部元素编号。如果遍历数组的过程中没有调用过滤器,那么这种方法是有效的,但一旦添加了过滤器,那么这个索引号就无效,而必须调用实际的 item 对象。

接下来通过一个简单的示例来演示索引号在过滤器中无效的过程。

示例 10-4　注意 ng-repeat 中的索引号

(1) 功能说明。

在页面中,通过 ng-repeat 指令以列表的形式显示数分大于 60 的学生人员信息,并在列表中添加一个"删除"按钮,当单击该按钮时,则将在浏览器控制台中输出 item 列表对象和索引号 $index 对应对象的值,观察这两个对象值之间的区别。

(2) 实现代码。

在 WebStorm 开发工具中,新建一个 HTML 文件 10-4.html,加入如代码清单 10-4 所示的代码。

代码清单 10-4　注意 ng-repeat 中的索引号

```
<!DOCTYPE html >
< html ng - app = "a10_4">
< head >
    <title>注意 ng - repeat 中的索引号</title>
    < script src = "Script/angular.min.js"></script>
    < style type = "text/css">
        .frame {
            padding: 5px 8px;
            margin: 0px;
            font - size: 12px;
            width: 320px;
            background - color: #eee;
        }
        .frame ul {
            margin: 0px;
            padding: 0px;
            list - style - type: none;
        }
            .frame ul li:first - child {
                font - weight: bold;
                font - size: 13px;
            }
            .frame ul li {
                height: 28px;
                line - height: 28px;
            }
                .frame ul li span {
                    float: left;
                    width: 80px;
                }
                .frame ul li span:last - child {
                    cursor:pointer
                }
```

```
        </style>
</head>
<body>
    <div class="frame">
        <ul ng-controller="c10_4">
            <li>
            <span>序号</span>
            <span>姓名</span>
            <span>分数</span>
            <span>操作</span>
            </li>
            <li ng-repeat="item in items
            | filter : fscore">
                <span>{{item.id}}</span>
                <span>{{item.name}}</span>
                <span>{{item.score}}</span>
                <span ng-click="remove(item, $index)">
                    删除
                </span>
            </li>
        </ul>
    </div>
    <script type="text/javascript">
        angular.module('a10_4', [])
        .controller('c10_4', function ($scope) {
            $scope.items = getStu();
            $scope.fscore = function (e) {
                return e.score > 60;
            }
            $scope.remove = function (item, index) {
                console.log(item);
                var item2 = $scope.items[index];
                console.log(item2);
            };
        })
        function getStu() {
            return [{
                id: 1010, name: "张立秋", score: 10
            }, {
                id: 1020, name: "李山涞", score: 50
            }, {
                id: 1030, name: "胡正清", score: 70
            }, {
                id: 1040, name: "刘三夫", score: 90
            }, {
                id: 1050, name: "闻钟华", score: 60
            }
            ]};
    </script>
</body>
</html>
```

（3）页面效果。

执行的效果如图 10-4 所示。

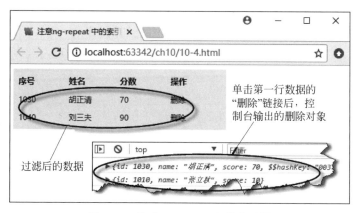

图 10-4　注意 ng-repeat 中的索引号

（4）代码分析。

在本示例的代码中，首先，通过 ng-repeat 指令显示"分数"值大于 60 分的学员信息，因为有过滤的条件，所以，在绑定数据源时，添加了一个名为 fscore 的过滤器，它的功能就是过滤"分数"值大于 60 分的学员信息。

然后，当单击列表数据中某一行的"删除"按钮时，将调用绑定的 remove() 方法，并向该方法传递两个实参：一个是该行的 item 对象；另一个是对应的 $index 索引号。在控制器定义的 remove() 方法中，将传入的索引号放入 $scope.items 数组中，获取对应的元素对象 item2。

最后，控制器定义的 remove() 方法中，分别将传来的 item 对象和生成的 item2 对象输出到浏览器的控制台中，如图 10-4 的下半部分所示。可以看出，单击"删除"链接时的对象与并不是通过 $index 索引号定位的 item2，而是直接传递的 item，因此，在使用 ng-repeat 指令显示列表数据时，如果有过滤器，那么不能直接通过 $index 索引号来定位对象。

10.2.2　使用 track by 对 ng-repeat 中的数据排序

在使用 ng-repeat 指令显示列表数据时，如果需要更新数据，那么页面中原有的 DOM 元素在更新过程中并不会被重用，而是被删除，再重新生成与上次结构一样的元素。反复生成 DOM 元素对页面的加载来说，并不是一件好事，它不仅会延迟数据加载的速度，而且非常浪费页面资源。为了解决这种现象，在使用 ng-repeat 指令更新数据时，需要使用 track by 对数据源进行排序。

接下来通过一个简单的示例演示调用 track by 对表达式中的数据排序的过程。

示例 10-5　使用 track by 对 ng-repeat 中的数据排序

（1）功能说明。

在页面中，通过 ng-repeat 指令显示 3 条初始化数据，单击"更新"按钮后，使用新获取的 3 条数据替换原有初始化的内容，在绑定数据时，添加 track by 表达式并按 ID 号排序，同时，在浏览器的控制台中输出每次绑定的数据源，观察排序与不排序时数据的内容变化。

（2）实现代码。

在 WebStorm 开发工具中，新建一个 HTML 文件 10-5.html，加入如代码清单 10-5 所示的代码。

代码清单 10-5　使用 track by 对 ng-repeat 中的数据排序

```html
<!DOCTYPE html>
<html ng-app="a10_5">
<head>
    <title>使用 track by 对 ng-repeat 中的数据排序</title>
    <script src="Script/angular.min.js"></script>
    <style type="text/css">
        .frame {
            padding: 5px 8px;
            margin: 0px;
            font-size: 12px;
            width: 320px;
            background-color: #eee;
        }
        .frame ul {
            margin: 0px;
            padding: 0px;
            list-style-type: none;
        }
        .frame ul li {
            height: 28px;
            line-height: 28px;
        }
        .frame ul li span {
            float: left;
            width: 50px;
        }
    </style>
</head>
<body>
    <div ng-controller="c10_5"
        class="frame">
        <button ng-click="update()">
            更新
        </button>
        <ul ng-repeat="user in users">
            <li>
                <span>{{user.id}}</span>
                <span>{{user.name}}</span>
            </li>
        </ul>
    </div>
    <script type="text/javascript">
        angular.module('a10_5', [])
```

```
        .controller('c10_5',
        function ( $ scope) {
            var users = [{
                id: 1010, name: "张立秋", score: 10
            }, {
                id: 1020, name: "李山淡", score: 20
            }, {
                id: 1030, name: "胡正清", score: 30
            }];
            $ scope.users = users;
            console.log( $ scope.users);
            $ scope.update = function () {
                //从服务器获取数据
                var result = [
                    {
                        id: 1040, name: "刘三夫", score: 40
                    }, {
                        id: 1050, name: "闻钟华", score: 50
                    }, {
                        id: 1060, name: "钱少忠", score: 60
                    }];
                //重新赋值
                $ scope.users = result;
                console.log( $ scope.users);
            };
        });
    </script>
</body>
</html>
```

（3）页面效果。

执行的效果如图 10-5 所示。

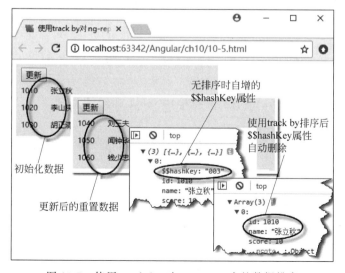

图 10-5　使用 track by 对 ng-repeat 中的数据排序

（4）代码分析。

在本示例的代码中，当使用 ng-repeat 指令绑定数据源时，如果不使用 track by 对表达式排序，那么，当单击"更新"按钮重置新数据时，初始化数据的 DOM 元素将全部被删除，并重新生成与初始化数据结构一样的 DOM 元素，来加载和渲染新获取的数据。

出现这种重复生成相同 DOM 元素的情况，根源于在每次替换数据源时，都会导致 ng-repeat 指令为每一个数据元素自动生成一个全新的字符型值，这个值由 AngularJS 内部的 nextUid() 方法以自增的方式生成，但并不作为 DOM 元素的标识属性，导致每次更新时没有办法重用原有的 DOM 元素，只能反复重新生成。

为了解决这种情况，首先，在数据源中尽可能增加一个唯一的标识属性值，如本示例中的 ID 号，然后，在绑定数据源时，调用 track by 指定排序的属性名，如 ID 号，通过这种方式将会删除自动添加的字符型 key 值，使 DOM 元素有了唯一的标识属性，因此，当下次进行数据更新时，将会自动调用这些已有的 DOM 元素，从而加快页面渲染和加载的速度。

10.2.3　正确理解 ng-repeat 指令中 scope 的继承关系

在调用 ng-repeat 指令显示数据时，ng-repeat 在新建 DOM 元素时，也为每个新建的 DOM 元素创建了独立的 scope 作用域。虽然如此，但它们的父级 scope 作用域是相同的，都是构建控制器时注入的 $scope 对象。调用 angular. element(domElement). scope() 方法，可以获取某个 DOM 元素所对应的作用域，通过某个元素的作用域又可以访问它的父级作用域，从而修改绑定的数据源。

接下来通过一个简单的示例演示 ng-repeat 指令中 scope 的继承关系。

示例 10-6　正确理解 ng-repeat 指令中 scope 的继承关系

（1）功能说明。

在页面中，首先，通过 ng-repeat 指令以列表的形式显示 3 条学生数据信息，然后，新添加 3 个按钮，当单击"按钮 1"时，在控制台输出列表中每个元素 scope 作用域是否相同，单击"按钮 2"时，在控制台输出列表中某个元素的父级 scope 作用域是否为 $scope，单击"按钮 3"时，通过元素的父级 scope 作用域获取绑定的数据源，并进行更新。

（2）实现代码。

在 WebStorm 开发工具中，新建一个 HTML 文件 10-6. html，加入如代码清单 10-6 所示的代码。

代码清单 10-6　正确理解 ng-repeat 指令中 scope 的继承关系

```
<!DOCTYPE html >
< html ng - app = "a10_6">
< head >
    <title>正确理解 ng - repeat 指令中 scope 的继承关系</title>
    < script src = "Script/angular.min. js"></script>
    < style type = "text/css">
        .frame {
            padding: 5px 8px;
```

```
                margin: 0px;
                font-size: 12px;
                width: 320px;
                background-color: #eee;
            }
            .frame ul {
                margin: 0px;
                padding: 0px;
                list-style-type: none;
            }
            .frame ul li {
                height: 28px;
                line-height: 28px;
            }
            .frame ul li span {
                float: left;
                width: 50px;
            }
        </style>
    </head>
    <body>
        <div ng-controller="c10_6"
            class="frame">
            <input type="button"
                    value="按钮1"
                    ng-click="change1();">
            <input type="button"
                    value="按钮2"
                    ng-click="change2();">
            <input type="button"
                    value="按钮3"
                    ng-click="change3();">
            <ul ng-repeat="user in users track by user.id">
                <li>
                    <span id="spn{{user.id}}">
                        {{user.id}}
                    </span>
                    <span id="spn{{user.id}}">
                        {{user.name}}
                    </span>
                    <span id="spn{{user.id}}">
                        {{user.score}}
                    </span>
                </li>
            </ul>
        </div>
        <script type="text/javascript">
            angular.module('a10_6', [])
            .controller('c10_6',
```

```
            function ($ scope) {
                $ scope.users = [{
                    id: 1010, name: "张立秋", score: 10
                }, {
                    id: 1020, name: "李山浃", score: 50
                }, {
                    id: 1030, name: "胡正清", score: 70
                }];
                $ scope.change1 = function () {
                    var scope1 = angular.element(document
                        .getElementById("spn1010"))
                        .scope();
                    var scope2 = angular.element(document
                        .getElementById("spn1020"))
                        .scope();
                    console.log(scope1 == scope2);
                };
                $ scope.change2 = function () {
                    var scope = angular.element(document
                        .getElementById("spn1020"))
                        .scope();
                    console.log(scope. $ parent == $ scope);
                };
                $ scope.change3 = function () {
                    var scope = angular.element(document
                            .getElementById("spn1030"))
                            .scope();
                    scope. $ parent.users = [{
                        id: 1040, name: "刘三夫", score: 40
                    }, {
                        id: 1050, name: "闻钟华", score: 50
                    }, {
                        id: 1060, name: "钱少忠", score: 60
                    }];
                };
            });
    </script>
</body>
</html>
```

（3）页面效果。

执行的效果如图 10-6 所示。

（4）代码分析。

在本示例的代码中，首先，当单击"按钮 1"时，执行绑定的 change1()方法，在该方法中，分别调用 angular. element(domElement). scope()方法获取列表中两个不同 ID 号元素的 scope 作用域。由于 ng-repeat 指令在新创建元素时对应的作用域也是相互独立的，因此，控制台输出 false 值。

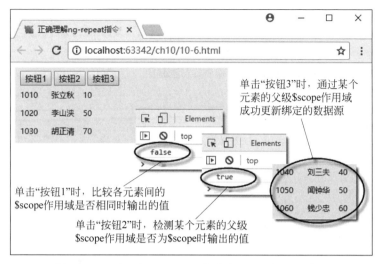

图 10-6 正确理解 ng-repeat 指令中 scope 的继承关系

然后,当单击"按钮 2"时,执行绑定的 change2()方法。在该方法中,由于列表中单个独立元素的父级作用域是控制器在构建时注入的 $scope 对象,因此,控制台输出 true 值。

最后,在单击"按钮 3"执行 change3()方法时,由于通过 $parent 方式可以访问父级作用域,而通过父级作用域则可以重置 ng-repeat 指令绑定的数据源,因此,单击"按钮 3"时,将重置后的数据源绑定到列表中,并展示在页面中。

10.3 解决单击按钮事件中的冒泡现象

冒泡事件是 DOM 元素中的一种事件类型,简单而言,当单击子节点元素时,会向上触发父节点、祖先级节点的单击事件。出现冒泡现象会导致许多父级的事件被自动触发,页面效果无法控制,因此,必须解决这种元素的冒泡事件。

解决的方法是,当子节点元素触发单击事件后,就需要终止该事件的冒泡。终止的方法是调用事件本身的 stopPropagation()方法,即 event.stopPropagation(),该方法的功能是终止事件的传播,仅在事件的节点上调用事件后,不再将事件分派到其他节点上。

从上述的介绍中可以看出,虽然 DOM 元素存在冒泡事件的现象,但只要调用事件自身的 stopPropagation()方法,就可以阻止这种冒泡事件的触发,这是在 JavaScript 代码中可以实现的。在 AngularJS 中,是否也可以通过事件的这个方法来阻止事件的冒泡现象呢? 答案是肯定的。

接下来通过一个简单的示例演示 AngularJS 中阻止事件冒泡现象的过程。

示例 10-7 解决单击按钮事件中的冒泡现象

(1)功能说明。

在页面中,添加一个复选框元素,并将它的值绑定 ng-model 指令,另外,再添加一个按钮元素,当单击该按钮时,将根据复选框的选中状态进行相应的操作。如果选中复选框,则阻止按钮单击时的冒泡现象,否则,不阻止按钮单击时的冒泡现象。

（2）实现代码。

在 WebStorm 开发工具中，新建一个 HTML 文件 10-7. html，加入如代码清单 10-7 所示的代码。

代码清单 10-7　解决单击按钮事件中的冒泡现象

```
<!DOCTYPE html>
<html ng-app="a10_7">
<head>
    <title>解决单击按钮事件中的冒泡现象</title>
    <script src="Script/angular.min.js"></script>
    <style type="text/css">
        .frame {
            padding: 5px 8px;
            margin: 0px;
            font-size: 12px;
            width: 320px;
            background-color: #eee;
        }
        .frame div {
            margin: 10px 0px;
        }
    </style>
</head>
<body>
    <div ng-controller="c10_7 as o"
        class="frame">
        <div ng-click="o.click('父级', $event)">
            在按钮的单击事件中,阻止冒泡现象
            <br/>
            <input type="checkbox"
                    ng-click="o.change($event)"
                    ng-model="o.stopPropagation"/>
            是否阻止冒泡?
            <br/><br/>
            <button type="button"
                    ng-click="o.click('按钮', $event)">
                单击我
            </button>
        </div>
    </div>
    <script type="text/javascript">
        angular.module('a10_7', [])
        .controller('c10_7',
        function ($scope) {
            var obj = this;
            obj.click = function (name, $event) {
                console.log(name + "被触发");
                if (obj.stopPropagation) {
```

```
                    $ event.stopPropagation();
                }
            };
            obj.change = function ( $ event) {
                $ event.stopPropagation();
            }
            return obj;
        });
    </script>
</body>
</html>
```

（3）页面效果。

执行的效果如图 10-7 所示。

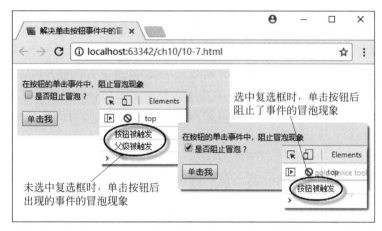

图 10-7　解决单击按钮事件中的冒泡现象

（4）代码分析。

在本示例的代码中，当用户单击按钮时，将触发控制器中自定义的 click()方法。该方法需要传入两个实参：一个是触发事件的元素名称，如"按钮"；另一个是 AngularJS 内部的常量——$ event。在 AngularJS 中，当元素在执行事件函数时，将通过 $ event 常量返回当前触发事件的对象元素，因此，可以调用这个返回常量的 stopPropagation()方法来阻止元素事件的冒泡现象。

在自定义的 click()方法中，接收到传回的元素名称和 $ event 常量后，先检测复选框是否被选中，如果被选中，则调用 $ event 常量的 stopPropagation()方法阻止元素事件的冒泡；如果不被选中，则不执行阻止元素事件冒泡的代码，而进行事件的默认操作。

需要说明的是，由于复选框元素本身也是一个子节点，为了防止它在单击时同样出现元素事件的冒泡现象，需要在复选框的单击事件中调用 $ event 常量的 stopPropagation()方法进行冒泡阻止，完整代码如自定义 change()方法所示。

10.4　释放多余的$watch()监测函数

在AngularJS中,数据的双向绑定是它的一个非常强大的功能,也是它区别于其他前端框架的特征之一,而这个功能的实现离不开$watch()函数。在移动端设备中,众多的数据双向绑定必然诞生大量的$watch()函数执行,这些$watch()函数的执行会导致页面数据加载缓慢、元素绑定方法执行效率过低的性能问题,因此,当不需要时,必须及时释放多余的$watch()监测函数。

在AngularJS中,当$watch()函数直接被调用时,将返回一个释放$watch()绑定的unbind()函数,因此,根据这个特征,在需要释放某个多余的$watch()监测函数时,只需要再次调用这个$watch()函数就可以轻松地释放它的监测功能。

接下来通过一个简单的示例演示AngularJS中释放多余的$watch()监测函数的过程。

示例10-8　释放多余的$watch()监测函数

(1)功能说明。

在页面中,先添加一个输入框元素,并通过ng-model指令实现输入内容的双向绑定,当输入框的内容发生变化时,新添的div元素将动态显示它变化后的总次数。此外,再添加一个"停止监测"按钮,单击该按钮时,将释放输入框的$watch()监测函数,div元素也将停止显示总次数。

(2)实现代码。

在WebStorm开发工具中,新建一个HTML文件10-8.html,加入如代码清单10-8所示的代码。

代码清单10-8　释放多余的$watch()监测函数

```
<!DOCTYPE html>
<html ng-app="a10_8">
<head>
    <title>释放多余的$watch()监测函数</title>
    <script src="Script/angular.min.js"></script>
    <style type="text/css">
        .frame {
            padding: 5px 8px;
            margin: 0px;
            font-size: 12px;
            width: 320px;
            background-color: #eee;
        }
        .frame button, .frame div {
            margin: 5px 0px;
        }
    </style>
</head>
```

```
<body>
    <div ng-controller="c10_8"
        class="frame">
        <input type="text"
                ng-model="content"/>
        div第{{num}}次数据变化.</div>
        <button ng-click="stopWatch()">
            停止监测
        </button>
    </div>
    <script type="text/javascript">
        angular.module('a10_8', [])
        .controller('c10_8',
        function ($scope) {
            $scope.num = 0;
            $scope.stopWatch = function () {
                contentWatch();
            }
            var contentWatch = $scope.$watch(
            'content',
            function (newVal, oldVal) {
                if (newVal === oldVal) {
                    return;
                }
                $scope.num++;
            });
        });
    </script>
</body>
</html>
```

（3）页面效果。

执行的效果如图 10-8 所示。

图 10-8　释放多余的 $watch() 监测函数

（4）代码分析。

在本示例的代码中，由于输入框元素通过 ng-model 指令实现了值的双向绑定，因此，AngularJS 将会通过 $watch() 监测 content 值的变化，即自动执行 $scope. $watch() 方法，调用格式如下。

```
$watch(watchExpression, listener, objectEquality)
```

在 $watch() 方法的调用格式中，第一个参数为字符型，表示需要监测的表达式；第二个参数为函数，当监测的表达式发生了变化后，第二个参数对应的函数将会自动执行。判断函数中两个参数 newValue 和 oldValue 的值是否相等时，会以递归的方式调用 angular. equals() 方法去修改数据，并一直检测到没有修改为止。

需要说明的是，当页面加载完成时，$watch() 函数将会被首次执行，为了删除首次监测时的累计数，根据函数 newValue() 和 oldValue() 的值在首次执行时都为 undefined 的特征，则调用 return 语句，退出累计数。

当单击"停止监测"按钮时，将会调用 stopWatch() 方法，这个方法会调用 contentWatch() 方法，而 contentWatch() 方法对应的就是 $watch() 函数的返回值，即返回一个释放 $watch() 绑定的 unbind() 函数，最终实现停止监测的效果。

10.5 解决 ng-if 中 ng-model 值无效的问题

在 AngularJS 中，ng-if 指令的功能与 ng-show 指令类似，都用于控制元素的显示与隐藏，但两者又有区别，ng-if 指令会移除 DOM 原有的元素，而 ng-show 指令只是将元素的 display 属性值设置为 none，因此，在使用时，必须根据实际的需要有选择地使用。

此外，与其他指令一样，ng-if 指令也会创建一个子级作用域，因此，在 ng-if 指令中如果添加了元素，并向元素属性增加 ng-model 指令，那么 ng-model 指令对应的作用域属于子级作用域，而并非控制器注入的 $scope 作用域对象，这点在进行双向数据绑定时，需要引起注意。

接下来通过一个简单的示例演示解决 ng-if 中 ng-model 值无效问题的过程。

示例 10-9　解决 ng-if 中 ng-model 值无效的问题

（1）功能说明。

在页面中，分别以普通方式和 ng-if 方式添加两个复选框元素，并在元素的属性中增加 ng-model 属性双向绑定选择值。在 ng-if 方式中，复选框元素绑定的 ng-model 属性值必须与控制器定义的值保持同步，以实现双向绑定的效果。

（2）实现代码。

在 WebStorm 开发工具中，新建一个 HTML 文件 10-9. html，加入如代码清单 10-9 所示的代码。

代码清单 10-9 解决 ng-if 中 ng-model 值无效的问题

```html
<!DOCTYPE html>
<html ng-app="a10_9">
<head>
    <title>解决 ng-if 中 ng-model 值无效的问题</title>
    <script src="Script/angular.min.js"></script>
    <style type="text/css">
        .frame {
            padding: 5px 8px;
            margin: 0px;
            font-size: 12px;
            width: 320px;
            background-color: #eee;
        }
        .frame div {
            margin: 5px 0px;
        }
    </style>
</head>
<body>
    <div ng-controller="c10_9"
        class="frame">
        div
            a 的值: {{a}}<br/>
            b 的值: {{b}}
        </div>
        div
            普通方式:
            <input type="checkbox"
                ng-model="a"/>
        </div>
        <div ng-if="!a">
            ng-if 方式:
            <input type="checkbox"
                ng-model="$parent.b"/>
        </div>
    </div>
    <script type="text/javascript">
        angular.module('a10_9', [])
        .controller('c10_9',
        function ($scope) {
            $scope.a = false;
            $scope.b = false;
        });
    </script>
</body>
</html>
```

（3）页面效果。

执行的效果如图 10-9 所示。

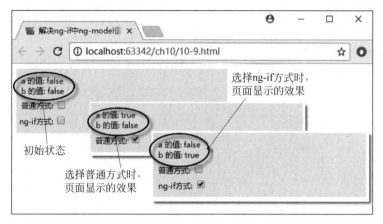

图 10-9 解决 ng-if 中 ng-model 值无效的问题

（4）代码分析。

在本示例的代码中，普通方式中复选框元素的 ng-model 属性绑定控制器中的变量 a，ng-if 方式中复选框元素的 ng-model 属性绑定控制器中的变量 b，由于是双向数据绑定，因此，当复选框的选中状态发生变化时，对应绑定的变量值也将会自动同步变化。

但在 ng-if 方式中，每个包含的元素都拥有自己的作用域，因此，复选框元素也拥有自己的 $scope 作用域，相对于控制器作用域来说，这个作用域属于一个子级作用域，如果它绑定控制器中的变量值，必须添加 $parent 标识，只有这样才能访问到控制器中的变量。

因此，解决 ng-if 中 ng-model 值无效的问题，主要方法是在绑定值时添加 $parent 标识，或者用 ng-show 指令代替 ng-if 指令，这两种方法都可以达到同样的页面效果。

10.6 本章小结

本章从实战角度出发，总结式地展示了错误产生的原因和解决方案。首先，从一些基础的使用技巧实战经验讲起，如 element()方法控制 DOM 元素、解决 setTimeout()改变属性的无效、解决双大括号绑定元素时的闪烁问题；然后，重点讲述了在使用 ng-repeat 指令显示数据时出现的各种错误和注意事项，如 ng-repeat 指令中 $index 值、track by 排序和各元素间的 $scope 作用域的范围；最后，结合一个个完整实用的示例，介绍在使用 AngularJS 开发应用时经常遇到的问题和最佳实践方法，包括阻止事件的冒泡、停止元素监测、ng-if 指令中 ng-mode 值无效。

第《11》章

综合案例开发

本章学习目标

- 熟练掌握使用 AngularJS 开发项目的流程；
- 掌握使用 AngularJS 绘制图形的方法；
- 掌握使用 AngularJS 管理数据的过程。

11.1 基于 AngularJS 使用 canvas 绘制圆形进度条

HTML 5 是目前前端开发的热点，它给前端的开发带来了新的方向，因此，许多前端的开发框架都基于 HTML 5 或在它的基础上进行扩展。AngularJS 框架当然也不例外，它非常方便地支持 HTML 5 的新元素和 API，基于 AngularJS 框架，调用 HTML 5 新增加的元素开发应用，是一个非常不错的选择。接下来介绍如何基于 AngularJS 使用 canvas 绘制圆形进度条的过程。

1. 需求分析

(1) 单击"开始"按钮，圆形进度条开始展示进度效果。

(2) 圆形的内外边框作为进度条的值，随时间变化而不断增大面积。

(3) 当不断增加的面积到达 360°时，程序自动停止。

2. 页面效果

(1) 当用户首次进入页面时，圆形进度条还没有启动，即页面初始化的效果如图 11-1 所示。

(2) 当用户单击"开始"按钮后，进度条开始动画绘制内外圆形边框，效果如图 11-2 所示。

(3) 当进度条绘制内外圆形边框达到 360°时，停止绘制，效果如图 11-3 所示。

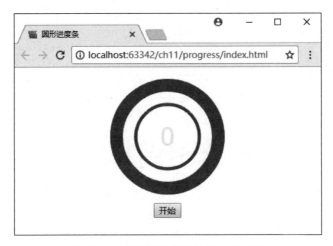

图 11-1　动态圆形进度条初始化页面

图 11-2　动态圆形进度条开始绘制时的页面

图 11-3　动态圆形进度条结束绘制时的页面

3. 功能开发

针对上述需求,基于 AngularJS 框架,使用 HTML 5 的新增 canvas 元素绘制动态的圆形进度条。考虑到页面调用的方便,可以将进度条做成指令形式,使用 $watch 监测值的变化,如果有变化,则按变化值进行圆形内外边框的绘制,调用 $interval 触发进度条值的动态变化,从而实现这个圆形进度条动画绘制内外边框的效果,开发流程如图 11-4 所示。

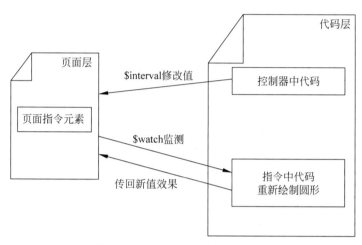

图 11-4 动态圆形进度条开发流程

在明确了开发流程之后,接下来进行功能开发,首先,创建一个新页面,并命名为 index. html。作为案例的首页,在首页页面中,加入如代码清单 11-1 所示的代码。

代码清单 11-1 圆形进度条首页 index. html 的代码

```
<!DOCTYPE html >
< html ng - app = "progress">
< head >
< meta http - equiv = "Content - Type"
    content = "text/html; charset = utf - 8"/>
  < title >圆形进度条</title >
  < link href = "css/style.css" rel = "stylesheet" />
  < script src = "js/angular.min.js"></script >
</head >
< body >
  < div id = "main"
      ng - controller = "ctrl_progress">
      < div load - progress
          progress - model = "ProgressValue">
      </div >
      < button ng - click = "start()">
          开始
      </button >
  </div >
  < script src = "js/app.js"></script >
</body >
</html >
```

在首页 index.html 中,除导入了 AngularJS 框架文件外,还添加了一个 app.js 文件,用于构建页面的控制器代码和实现元素指令的定义,该文件的完整代码如代码清单 11-2 所示。

代码清单 11-2　JavaScript 文件 app.js 的完整代码

```
angular.module('angular.directives - load - progress', [])
.directive(
'loadProgress',
[function () {
    return {
    replace: true,
    compile:
    function (tplele, tplattr, transclude) {
        if (tplele.length === 1) {
            var node = tplele[0];
            var width = node.getAttribute('progress - width')
                      || '200';
            var height = node.getAttribute('progress - height')
                      || '200';
            var canvas = document.createElement('canvas');
            canvas.setAttribute('width', width);
            canvas.setAttribute('height', height);
            canvas.setAttribute('progress - model',
            node.getAttribute('progress - model'));
            node.parentNode.replaceChild(canvas, node);
            var ocwidth = node.getAttribute(
            'progress - outer - circle - width') || '20';
            var icwidth = node.getAttribute(
            'progress - inner - circle - width') || '5';
            var ocbcolor = node.getAttribute(
            'progress - outer - circle - background - color')
                      || '#666';
            var ocfcolor = node.getAttribute(
            'progress - outer - circle - foreground - color')
                      || '#eee';
            var iccolor = node.getAttribute(
            'progress - inner - circle - color') || '#666';
            var lblcolor = node.getAttribute(
            'progress - label - color') || '#eee';
            var ocradius = node.getAttribute(
            'progress - outer - circle - radius') || '80';
            var icradius = node.getAttribute(
            'progress - inner - circle - radius') || '50';
            var lblfont = node.getAttribute(
            'progress - label - font') || '30pt Arial';
            return {
                    pre: function preLink(
                    scope, instanceElement,
```

```
instanceAttributes, controller) {
var expression = canvas.getAttribute(
'progress - model');
scope. $ watch(expression,
function (newValue, oldValue) {
    var ctx = canvas.getContext('2d');
    ctx.clearRect(0, 0, width, height);
    var x = width / 2;
    var y = height / 2;
    ctx.beginPath();
    ctx.arc(x, y, parseInt(ocradius), 0,
    Math.PI * 2, false);
    ctx.lineWidth = parseInt(ocwidth);
    ctx.strokeStyle = ocbcolor;
    ctx.stroke();
    ctx.beginPath();
    ctx.arc(x, y, parseInt(icradius), 0,
    Math.PI * 2, false);
    ctx.lineWidth = parseInt(icwidth);
    ctx.strokeStyle = iccolor;
    ctx.stroke();
    ctx.font = lblfont;
    ctx.textAlign = 'center';
    ctx.textBaseline = 'middle';
    ctx.fillStyle = lblcolor;
    ctx.fillText(newValue.label, x, y);
    var startAngle = - (Math.PI / 2);
    var endAngle = ((Math.PI * 2) *
    newValue.percentage) - (Math.PI / 2);
    var anticlockwise = false;
    ctx.beginPath();
    ctx.arc(x, y, parseInt(ocradius),
    startAngle, endAngle, anticlockwise);
    ctx.lineWidth = parseInt(ocwidth);
    ctx.strokeStyle = ocfcolor;
    ctx.stroke();
    var startAngle = - (Math.PI / 2);
    var endAngle = ((Math.PI * 2) *
    newValue.percentage) - (Math.PI / 2);
    var anticlockwise = false;
    ctx.beginPath();
    ctx.arc(x, y,
    parseInt(icradius), startAngle,
    endAngle, anticlockwise);
    ctx.lineWidth = parseInt(icwidth);
    ctx.strokeStyle = ocfcolor;
    ctx.stroke();
}, true);
}
```

```
        };
      }
    }
  };
}]);
angular.module('progress',
['angular.directives - load - progress']).
controller('ctrl_progress',
function ( $ scope, $ interval) {
    $ scope.ProgressValue = {
        label: 0,
        percentage: 0.00
    }
    $ scope. $ watch(
        'ProgressValue',
    function (newValue) {
        newValue.percentage = newValue.label / 100;
    }, true);
    $ scope.start = function (t) {
        var i = 0;
        var n = $ interval(function () {
            i++;
            $ scope.ProgressValue.label = i;
            if (i == 100) {
                $ interval.cancel(n);
            }
        }, 500);
    }
});
```

此外,在首页 index.html 中,在 head 元素中还包含了一个 CSS 文件 style.css,用于控制页面的整体样式,该文件的代码如代码清单 11-3 所示。

代码清单 11-3　CSS 文件 style.css 的完整代码

```
body {
    font - size: 13px;
}
a:link {
    text - decoration: none;
}
a:visited {
    text - decoration: none;
}
#main {
    margin: 0 auto;
    width: 200px;
    text - align: center;
}
```

4. 代码分析

在本案例中,代码分别由页面、JavaScript、CSS 三个部分组成,由于 CSS 样式文件不是本书介绍的重点内容,因此,CSS 文件中的代码不做解析。

1) 页面代码

在首页文件 index.html 中,首先,为了绑定 AngularJS 代码层中的自定义模板,向 html 元素添加一个 ng-app 属性,并将属性值设为 progress,代码如下所示。

```
<html ng-app="progress">
```

然后,在页面中通过添加 ng-controller 属性定义控制器代码对应的作用域,以便在作用域中绑定对象和调用方法,代码如下所示。

```
<div id="main" ng-controller="ctrl_progress">
    //控制器层
    ...
</div>
```

在页面的控制器层作用域中,添加一个绑定自定义指令方式的 div 元素。这个元素在页面编译过程中将被指令中的元素内容所代替,元素添加代码如下所示。

```
<div load-progress progress-model="ProgressValue"></div>
```

在上述代码中,自定义的指令元素是通过向元素添加属性 load-progress 的方式进行绑定的,而 progress-model 属性的功能与 ng-model 属性相同,通过该属性实现数据的双向绑定。此外,在控制层中还添加了一个"开始"按钮,用于启动圆形进度条的动画效果,代码如下。

```
<button ng-click="start()">开始</button>
```

在上述代码中,当单击按钮时,将触发通过 ng-click 属性绑定的 start() 方法,在该方法中,调用 $interval() 方法不断修改绑定的 ProgressValue 值,从而实现圆形进度条的动画效果。

2) JavaScript 代码

在介绍完页面层代码后,重点介绍导入的 JavaScript 文件 app.js 中的内容。在这个文件中,代码分为两部分:第一部分为自定义指令代码;第二部分为页面的控制器层代码。

(1) 自定义指令代码。

在第一部分的自定义指令代码中,下列代码是指令定义的固定格式。

```
angular.module('angular.directives-load-progress', [])
    .directive('loadProgress', [function () {
        return {
        //指令对象
        ...
        };
    }]);
```

在上述代码中,angular. directives-load-progress 表示定义指令的模块名称,定义模块的名称将便于后续调用指令时模块的引用。loadProgress 表示指令的名称,用于页面中元素的引用。在上述代码中,调用 directive()方法来自定义一个名为 loadProgress 的指令,通过 return 语句返回指令对象,在指令对象中,通过各个设置项来定义该指令的功能。

返回的指令对象由三部分组成,为了更加方便说明它的结构,将它的代码做成了一个示意图,如图 11-5 所示。

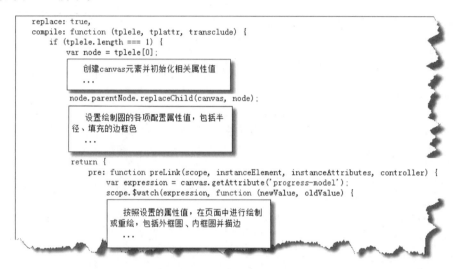

图 11-5　指令对象的示意图

在上述示意图中,需要说明的是键名 replace 的值为 true,表示模板会被当作子元素插入到调用此指令的元素内部,键名 compile 的值返回一个对象。在返回之前,先检测是否有对应的元素进行绑定,即 tplele. length === 1,然后获取绑定指令的元素节点,并保存在变量 node 中。

接下来调用 \$ watch()方法监测 progress-model 属性值,当该值发生变化时,将会绘制或重绘内外圆形边框,并进行描边操作,因此,如果要不断地进行这项操作,则只需要调用 \$ interval()方法在指定的时间内反复改变该属性值即可。

(2) 控制器层代码。

在控制器层代码中,先定义模块名称,并注入之前定义的指令模板,然后定义控制器的名称。在定义时,注入 \$ scope 和 \$ interval 对象,用于控制器代码的调用,实现代码如下。

```
angular. module('progress',
['angular. directives - load - progress']).
    controller('ctrl_progress',
    function ( $ scope, $ interval) {
    //控制器层代码
    ...
});
```

在控制器层代码中,需要说明的是自定义的 start()方法。在该方法中,调用了注入的 \$ interval()方法,该方法与 JavaScript 代码中的 setInterval()方法功能基本相同,都是在指定的时间内反复执行相同的操作,直到程序结束,但在 AngularJS 中,可以调用 $interval. cancel( ) 方法结束开启的 $interval 对象,而并非使用 clearInterval( )方法,这点需要在使用时注意。

11.2 使用 AngularJS 开发一个抽奖应用

在日常应用的开发中,经常有抽奖应用开发的需求,利用 AngularJS 框架可以十分高效地开发出一个很实用的抽奖应用,这个应用不仅代码简洁,而且执行效率高,扩展性强。下面将完整地介绍这个基于 AngularJS 框架的抽奖应用开发过程。

1. 需求分析

(1) 单击"开始"按钮后,所有奖品将以块状方式不断闪烁 5 次。

(2) 闪烁结束后自动显示所中的奖品名称。

(3) 自定义奖品的内容,包括删除原有奖品和增加新奖品。

2. 页面效果

(1) 当用户首次进入页面还没有单击"开始"按钮时,页面效果如图 11-6 所示。

图 11-6 抽奖应用初始页效果

(2) 用户单击"开始"按钮后,奖品不停闪烁,效果如图 11-7 所示。

图 11-7 应用抽奖时的页面效果

（3）抽奖结束时，自动显示所中的奖品名称，其实现的页面效果如图 11-8 所示。

图 11-8　应用中奖时的页面效果

（4）用户在中奖页中，既可以选择左上角的"重新开始"链接，单击后直接返回首页，也可以单击右上角的"修改奖品"链接，当单击这个链接时，可以修改奖品，页面效果如图 11-9 所示。

图 11-9　修改奖品时的页面效果

3. 功能开发

针对上述需求，基于 AngularJS 框架，实现对应功能的开发。由于页面结构比较简单，可通过一个单页来完成，各个功能展示添加在不同的 div 元素中。通过显示和隐藏的方式进行切换，使用 $ scope 对象定义的变量保存抽奖时所中的奖品，通过注入 $ timeout 对象实现元素动态闪烁的抽奖效果，通过 JSON 文件存储全部的奖品信息，开发流程如图 11-10 所示。

在确定了开发流程之后，接下来进行具体的功能开发。首先，创建一个新页面，并命名为 index.html，作为案例的首页。在首页页面中，加入如代码清单 11-4 所示的代码。

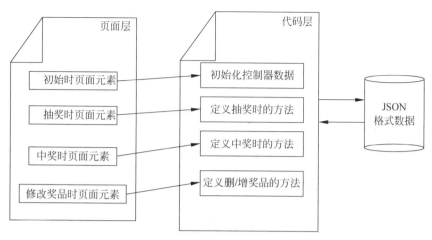

图 11-10　抽奖应用开发的流程

代码清单 11-4　抽奖应用首页 index.html 的代码

```
<!DOCTYPE html>
<html ng-app="lottery">
<head>
    <meta http-equiv="Content-Type"
        content="text/html; charset=utf-8" />
    <title>抽奖游戏</title>
    <script src="js/angular.min.js"></script>
    <link href="css/style.css" rel="stylesheet" />
</head>
<body>
    <div ng-controller="ctrl_lottery"
        id="lottery">
        <div id="step1">
            <button ng-click="start()">
                开始
            </button>
        </div>
        <div id="step2"
            class="hide">
            <div ng-repeat="item in items"
                id="{{item.id}}"
                class="item"
                ng-class="{'active':item.status}">
                {{item.name}}
            </div>
        </div>
        <div id="step3"
            class="hide top">
            <a href="javascript:void(0)"
                ng-click="reset()"
```

```
                    class = "reset">
                        < img src = "images/reset.png" />
                    重新开始
                </a>
                < a href = "javascript:void(0)"
                    ng - click = "edit()"
                    class = "edit">
                        < img src = "images/edit.png" />
                    修改奖品
                </a>
                < button class = "active">
                        {{result}}
                </button>
            </div>
            < div id = "step4"
                    class = "hide top">
                < a href = "javascript:void(0)"
                    ng - click = "return()"
                    class = "reset">
                    < img src = "images/return.png" />
                    返回
                </a>
                < form ng - submit = "add()">
                    < input type = "text"
                            ng - model = "name"
                            required
                            placeholder = "名称">
                    < input class = "btn"
                            type = "submit"
                            value = "添加">
                </form>
                < ul >
                    < li ng - repeat = "item in items">
                        < span >{{item.id}}</span>
                        < span class = "span">
                            {{item.name}}
                        </span>
                        < a href = "javascript:void(0)"
                            ng - click = "del(item.id)">
                            删除
                        </a>
                    </li>
                </ul>
            </div>
        </div>
        < script src = "js/app.js"></script>
</body>
</html>
```

在首页 index.html 中,除导入 AngularJS 框架文件外,还添加了一个 app.js 文件,用于构建页面的控制器代码,该文件的完整代码如代码清单 11-5 所示。

代码清单 11-5 JavaScript 文件 app.js 的完整代码

```
angular.module("lottery", []).
controller('ctrl_lottery',
['$scope', '$timeout',
function ($scope, $timeout) {
    //初始化奖品数据
    $scope.items = [
        {id: 1, name: "欧洲豪华游", status: 0},
        {id: 2, name: "Mac 台式计算机", status: 0},
        {id: 3, name: "iPhone6 手机", status: 0},
        {id: 4, name: "时尚山地车", status: 0},
        {id: 5, name: "高清数字电视", status: 0},
        {id: 6, name: "500 元充值卡", status: 0},
    ];
    $scope.result = "奖品为空";
    $scope.$$ = function (id) {
        return document.getElementById(id);
    }
    $scope.showhide = function (pre, nex) {
        pre = "step" + pre;
        nex = "step" + nex;
        $scope.$$(pre).style.display = "none";
        $scope.$$(nex).style.display = "block";
    }
    //开始抽奖时绑定的方法
    $scope.start = function () {
        $scope.showhide(1, 2);
        var circle = 5;
        var selkey = Math.floor(Math.random()
                * $scope.items.length);
        var next = function (key) {
            $scope.items[key].status = true;
            if ((key - 1) >= 0)
                $scope.items[key - 1].status = false;
            if (key == 0)
                $scope.items[$scope.items.length - 1]
                .status = false;
            var timer = $timeout(function () {
                if (circle <= 0 && selkey == key) {
                    $scope.showhide(2, 3);
                    $scope.result = $scope.items[key].name;
                    return;
                };
                if ($scope.items.length == key + 1) {
                    circle-- ;
```

```
                    }
                    if ( $ scope.items[key + 1]) {
                        next(key + 1)
                    } else {
                        next(0)
                    }
                }, 100);
            }
            next(0);
        }
        //显示奖品时绑定的方法
        $ scope.reset = function () {
            $ scope.showhide(3, 1);
        }
        $ scope.edit = function () {
            $ scope.showhide(3, 4);
        }
        //修改奖品时绑定的方法
        $ scope.add = function () {
            var last_id = lastid();
            $ scope.items.push({
                id: last_id,
                name: $ scope.name,
                status: 0
            })
        }
        $ scope.del = function (id) {
            angular.forEach( $ scope.items,
            function (value, key) {
                if (id == value.id) {
                    $ scope.items.splice(key, 1);
                };
            })
        }
        $ scope.return = function () {
            $ scope.showhide(4, 3);
        }
        //内部函数,用于获取最后一项数据的 ID 号值
        function lastid() {
            var id = 0;
            angular.forEach( $ scope.items,
            function (value, key) {
                if (id < value.id)
                    id = value.id
            })
            return ++id;
        }
}]);
```

另外,在首页 index. html 中,在 head 元素中还包含了一个 CSS 文件 style. css,用于控制页面的整体样式,该文件的完整代码如代码清单 11-6 所示。

代码清单 11-6　CSS 文件 style. css 的完整代码

```
body {
    font - size: 13px;
}
a:link {
    text - decoration: none;
}
a:visited {
    text - decoration: none;
}
# lottery {
    margin: 0 auto;
    border: solid 1px # ccc;
    width: 306px;
    text - align: center;
}
    # lottery ul {
        list - style - type: none;
        padding: 0px;
        margin: 20px 0px;
        text - align: left;
    }
        # lottery ul li {
            border - bottom: dashed 1px # ccc;
            padding: 5px 0px;
        }
            # lottery ul li span {
                float: left;
                padding - left: 10px;
            }
            # lottery ul li .span {
                width: 230px;
            }
    # lottery button {
        margin: 50px 0px;
        width: 100px;
        height: 100px;
    }
    # lottery .item {
        width: 100px;
        height: 100px;
        border: solid 1px # ccc;
        text - align: center;
        line - height: 100px;
        float: left;
    }
```

```css
#lottery .active {
    background - color: #666;
    border: 1px solid #ccc;
    color: #fff;
}
#lottery .reset {
    float: left;
    padding - left: 10px;
}
#lottery .edit {
    float: right;
    padding - right: 10px;
}
#lottery img {
    vertical - align: bottom;
}
#lottery .top {
    margin - top: 10px;
}
#lottery .show {
    display: block;
}
#lottery .hide {
    display: none;
}
```

4. 代码分析

在本案例中,代码分别由页面、JavaScript、CSS 三部分组成,接下来分别介绍前两部分代码实现的过程。

1) 页面代码

在通过 ng-app 属性绑定页面模板名称和 ng-controller 属性定义控制器作用域之后,所有进行抽奖操作的页面元素都在控制器的作用域中进行定义,以方便数据和方法的绑定,控制器的页面结构代码如下所示。

```html
< div ng - controller = "ctrl_lottery" id = "lottery">
    //控制器中的页面元素
    ...
</div >
```

控制器中的页面有 4 个展示效果,分别对应不同 ID 号的 div 元素,如 step1、step2、step3、step4,各个 div 元素之间通过显示与隐藏的方式进行切换,如 ID 号为 step1 的 div 元素,它包含一个用于单击的"开始"按钮。该按钮通过 ng-click 方式绑定控制器中一个对应的 start()方法,当单击该按钮时,将执行绑定的方法代码,元素页面代码如下所示。

```html
< div id = "step1">
    < button ng - click = "start()">开始</button >
</div >
```

  与 ID 号为 step1 所包含的元素不同，step2 所包含的元素为全部的奖品数据。为了展示奖品的每条数据，在 div 元素中调用 ng-repeat 指令进行遍历。在遍历时，不仅调用双大括号绑定奖品的名称，而且通过 ng-class 指令动态控制某个奖品元素的选中状态，即奖品对象的 status 属性值为 true 时才显示，否则为非选中状态。通过这个特点，再结合 $timeout() 方法，可以实现抽奖过程中奖品动态闪烁的页面效果，元素的页面代码如下所示。

```
<div id = "step2" class = "hide">
    <div ng - repeat = "item in items"
        id = "{{item.id}}" class = "item"
        ng - class = "{'active':item.status}">
        {{item.name}}
    </div>
</div>
```

  ID 号为 step3 的 div 元素中，则包含显示中奖结果的元素。由于中奖结果被赋值到名为 result 的变量中，因此，在页面中通过双大括号的方式绑定该变量，实现即时显示的效果。同时，页面左右两侧的链接分别通过 ng-click 指令绑定对应执行的方式，代码如下。

```
<div id = "step3" class = "hide top">
    <a href = "javascript:void(0)"
        ng - click = "reset()" class = "reset">
        <img src = "images/reset.png" />重新开始
    </a>
    <a href = "javascript:void(0)"
        ng - click = "edit()" class = "edit">
        <img src = "images/edit.png" />修改奖品
    </a>
    <button class = "active">{{result}}</button>
</div>
```

  最后一个 ID 号为 step4 的 div 元素中，则包含修改奖品的元素，包括通过 ng-repeat 指令显示的 li 元素、用于添加新奖品的 form 元素。单击 submit 类型的按钮时，将执行 form 表单中通过 ng-submit 绑定的 add() 方法，页面代码如下。

```
<div id = "step4" class = "hide top">
    <a href = "javascript:void(0)"
        ng - click = "return()" class = "reset">
        <img src = "images/return.png" />返回
    </a>
    <form ng - submit = "add()">
        <input type = "text" ng - model = "name"
        required placeholder = "名称">
        <input class = "btn" type = "submit" value = "添加">
    </form>
    <ul>
```

```
        < li ng - repeat = "item in items">
            < span >{{item.id}}</span >
            < span class = "span">{{item.name}}</span >
            < a href = "javascript:void(0)"
                ng - click = "del(item.id)">删除</a >
        </li>
    </ul >
</div >
```

需要说明的是，当单击"删除"按钮删除奖品链接时，需要传递对应奖品的 ID 号，因此，在展示全部奖品时，del()方法中需要添加对应奖品的 ID 号，即 item.id 的值。

2) JavaScript 代码

在介绍完页面层代码后，接下来重点介绍导入的 JavaScript 文件 app.js 中的内容。在这个文件中，主要是通过自定义控制器中的方法来满足页面层各元素绑定的需要，全部方法分为下列四类。

(1) 第一类，初始化数据。

在这类方法中，先通过 items 变量保存全部的奖品数据，后续这个变量可以扩展，通过与服务端进行交互，实现数据的真正更新与保存。初始化 result 变量，用于保存抽奖后的奖品名称。自定义 $ $()方法，用于根据传入的元素 ID 号，返回对应的元素对象。自定义 showhide()方法，根据传入的实参数值显示或隐藏对应的元素，用于各 div 元素间的切换，代码如下。

```
$ scope.items = [
    { id: 1, name: "欧洲豪华游", status: 0 },
    { id: 2, name: "Mac 台式计算机", status: 0 },
    { id: 3, name: "iPhone6 手机", status: 0 },
    { id: 4, name: "时尚山地车", status: 0 },
    { id: 5, name: "高清数字电视", status: 0 },
    { id: 6, name: "500 元充值卡", status: 0 },
];
$ scope.result = "奖品为空";
$ scope. $ $ = function (id) {
    return document.getElementById(id);
}
$ scope.showhide = function (pre, nex) {
    pre = "step" + pre;
    nex = "step" + nex;
    $ scope. $ $ (pre).style.display = "none";
    $ scope. $ $ (nex).style.display = "block";
}
```

(2) 第二类，开始抽奖时的 start()方法。

在该方法中，先将页面切换到抽奖页面，并定义一个控制闪烁抽奖圈数的变量 circle 和一个根据奖品总数量值随机生成的一个中奖数值 selkey。

然后,再定义一个 next() 方法。在该方法中,根据传递的 key 值将对应奖品的 status 属性值设置为 true,一旦该值为 true,奖品块就为选中样式。此外,为了实现连续闪烁跳动抽奖的效果,调用控制器注入的 $timeout() 方法,该方法与 JavaScript 中的 setTimeout() 方法的功能相同,都是在指定的时间后执行定义的函数或方法。

在 $timeout() 方法执行的函数中,如果检测到闪烁跳动圈数 circle 变量的值小于或等于 0,说明完成指定的圈数,并且随机中奖数值与某个奖品的索引号一致,则停止闪烁跳动,并切换到显示奖品页面,同时,显示中奖后的奖品名称。

在 $timeout() 方法执行的函数中,如果 key+1 的值与 $scope.items.length 的值相等,表明闪烁跳动抽奖的效果已完成一圈,则对应圈数的变量 circle 的值相应减少 1;如果 $scope.items[key + 1] 对象为真,则以递归的方式再次调用 next() 方法,传递的实参值为 key 值加 1。通过此方式可实现连续闪烁跳动抽奖的效果,对应的代码如下。

```
$scope.start = function () {
    $scope.showhide(1, 2);
    var circle = 5;
    var selkey = Math.floor(Math.random() *
    $scope.items.length);
    var next = function (key) {
        $scope.items[key].status = true;
        if ((key - 1) >= 0)
            $scope.items[key - 1].status = false;
        if (key == 0)
            $scope.items[$scope.items.length - 1]
            .status = false;
        var timer = $timeout(function () {
            if (circle <= 0 && selkey == key) {
                $scope.showhide(2, 3);
                $scope.result = $scope.items[key].name;
                return;
            };
            if ($scope.items.length == key + 1) {
                circle--;
            }
            if ($scope.items[key + 1]) {
                next(key + 1)
            } else {
                next(0)
            }
        }, 100);
    }
    next(0);
}
```

(3) 第三类,显示奖品时的方法。

在显示奖品时,单击左上角的"返回"链接,执行 reset() 方法,单击右上角时返回修改奖品页,执行 edit() 方法,无论是 reset() 方法,还是 edit() 方法,都是 div 元素显示与隐藏属性的切换,直接调用初始化数据时自定义的 showhide()即可,对应代码如下。

```
$ scope.reset = function () {
    $ scope.showhide(3, 1);
}
$ scope.edit = function () {
    $ scope.showhide(3, 4);
}
```

(4) 第四类,修改奖品时的方法。

由于奖品数据保存在数组中,因此,对奖品的增加和删除实质上是对数组的元素进行增加与删除。在增加数组元素时,调用自定义的 add()方法。在该方法中,先获取当前数组中最后一个元素的 ID 号并加 1,在新增加元素时使用,然后,通过 push()方法向数组中添加元素,包括奖品的 ID 号、名称和状态,实现奖品增加的效果。

当删除奖品元素时,调用自定义的 del()方法。在该方法中,通过传递来的需要删除的奖品 ID 号与遍历奖品数组时各个奖品 ID 相比较,如果相同,则调用 splice()方法删除数组中指定的元素。此外,在修改奖品的页面中,当单击左上角的"返回"链接时,则调用自定义的 return()方法。在该方法中,直接调用 showhide()切换到上一个页面中,对应代码如下。

```
$ scope.add = function () {
    var last_id = lastid();
    $ scope.items.push({ id: last_id,
        name: $ scope.name, status: 0 })
}
$ scope.del = function (id) {
    angular.forEach( $ scope.items,
    function (value, key) {
        if (id == value.id) {
            $ scope.items.splice(key, 1);
        };
    })
}
$ scope.return = function () {
    $ scope.showhide(4, 3);
}
//内部函数,用于获取最后一项数据的 ID 号值
function lastid() {
    var id = 0;
    angular.forEach( $ scope.items,
    function (value, key) {
        if (id < value.id)
            id = value.id
    })
    return ++id;
}
```

11.3　本章小结

本章先通过演示圆形进度条案例开发的过程,使读者在了解指令概念的基础上,学会如何运用所学自己动手开发一个指令对象,并将它绑定到页面元素中。通过本案例的开发,读者可以进一步掌握＄interval()方法在应用中的使用技巧;同时,通过演示抽奖案例开发的过程,读者可进一步了解多个页面展示效果在单页应用开发中的实现方法,也进一步加深了对＄timeout()方法的印象。

图书资源支持

感谢您一直以来对清华版图书的支持和爱护。为了配合本书的使用，本书提供配套的资源，有需求的读者请扫描下方的"书圈"微信公众号二维码，在图书专区下载，也可以拨打电话或发送电子邮件咨询。

如果您在使用本书的过程中遇到了什么问题，或者有相关图书出版计划，也请您发邮件告诉我们，以便我们更好地为您服务。

我们的联系方式：

地　　址：北京市海淀区双清路学研大厦 A 座 714

邮　　编：100084

电　　话：010-83470236　　010-83470237

客服邮箱：2301891038@qq.com

QQ：2301891038（请写明您的单位和姓名）

资源下载：关注公众号"书圈"下载配套资源。

资源下载、样书申请

书圈

获取最新书目

观看课程直播